呼伦贝尔草原生态系统
对气候和放牧的时空响应

山 丹　朱媛君　杨晓晖　乌仁其其格　著

中国农业科学技术出版社

图书在版编目（CIP）数据

呼伦贝尔草原生态系统对气候和放牧的时空响应／山丹等著 . --北京：中国农业
科学技术出版社，2024.5

ISBN 978-7-5116-6828-8

Ⅰ.①呼… Ⅱ.①山… Ⅲ.①草原生态系统-研究-呼伦贝尔市 Ⅳ.①S812.29

中国国家版本馆 CIP 数据核字（2024）第 101896 号

责任编辑	周丽丽
责任校对	李向荣
责任印制	姜义伟 王思文

出 版 者	中国农业科学技术出版社
	北京市中关村南大街 12 号 邮编：100081
电 话	（010）82106638（编辑室） （010）82106624（发行部）
	（010）82109709（读者服务部）
网 址	https://castp.caas.cn
经 销 者	各地新华书店
印 刷 者	北京建宏印刷有限公司
开 本	185 mm×260 mm 1/16
印 张	11.25 彩插 8 面
字 数	270 千字
版 次	2024 年 5 月第 1 版 2024 年 5 月第 1 次印刷
定 价	128.00 元

前　　言

　　草地作为一种广泛分布的土地利用类型,具有重要的经济和生态功能。呼伦贝尔草原是目前生态保护状况较好,且具有丰富景观类型的高纬度草地生态系统,是开展草地多层次生态格局及其驱动因子研究的理想区域。本书以呼伦贝尔草原为研究对象,从遥感、样带、样点 3 个尺度探讨了其植被时空变化特征及其影响因子,结果可为科学、合理的利用保护该区的草地资源提供理论指导。

　　本研究从遥感尺度上利用 2001—2018 年 MODIS NDVI 数据,采用时间信息熵和时间序列信息熵计算了呼伦贝尔草原的植被覆盖度变化强度及变化趋势,采用偏相关分析研究了降水量、温度、SPEI 和放牧压力与 NDVI 间的关系。从样带尺度上通过对呼伦贝尔草原 4 条样带 330 个样地 990 个样方数据分类、排序,同时运用相似性分析(ANOSIM)和相似性百分比分析(SIMPER)定量描述各个植被型和群落间的差异性,并分析探索调控植被分布格局的主要影响因子。从样点尺度上以 5 种位置的饮水点为中心,在不同取样距离和取样方向上调查样方 660 个,据此分析检验了放牧压力对植被群落特征和土壤理化特征差异的影响。基于以上研究,得出结果如下。

　　第一,从遥感尺度上的研究来看,整个呼伦贝尔草原植被覆盖度增加的面积大于减少的面积,植被覆盖度总体上呈上升趋势。时间信息熵在典型草原主体部分变化强度较大,且呈向东西两侧的草甸草原区和荒漠草原区递减趋势,时间序列信息熵在典型草原中北部区域较高,处于西南部的荒漠草原最低,整体呈东北向西南方向递减趋势;研究区 92.1% 面积的 NDVI 与降水量呈正相关,表明研究区植被覆盖度变化主要受降水影响;在旗(市区)尺度上主要受放牧压力影响,放牧压力对研究区植被覆盖度起正反馈作用,说明目前呼伦贝尔草原整体放牧水平未超出草原承载能力,该结论符合中度干扰假说;在苏木小尺度上的斑块状分布则主要受微地形影响,根据群落调查记录发现处于山地、沙地、水洼、草甸等地形的苏木,其植被盖度变化与相邻区域存在明显差异。表明受降水控制的水分条件是制约呼伦贝尔草原植被覆盖度的最主要因子,而放牧压力与微地形的影响分别在旗(市区)及苏木尺度上起主导作用。

　　第二,从基于样带尺度的研究来看,呼伦贝尔草原所有样地共调查到 196 种植物,隶属于 43 科,122 属,水分生态类型以中生植物为主,生活型以多年生草本植物为主,充分说明了呼伦贝尔草原在我国北方草原中水分条件的优越性;按照指示种分析法将330 个样地划分为荒漠草原、典型草原和草甸草原 3 个植被类型,17 个群落类型,荒漠草原与典型草原间分异明显,而草甸草原有向典型草原转变的趋势,呼伦贝尔草原整体向旱生方向发展;降水量是驱动各样带植被分布格局的共同主导因子,高程、温度、

1

SPEI、放牧压力、土壤有机质含量及土壤黏粒含量对各样带植被分布产生重要影响。

第三，从围栏放牧点的尺度来看，由饮水点为中心的围栏放牧活动所产生的的"光裸圈"现象，明显改变了植物群落的分布格局，增加了植物群落的空间异质性；饮水点附近群落特征、植物多样性最低，并随着取样距离的增加整体呈先增后减趋势；饮水点附近处的土壤容重、pH 值及土壤养分含量会明显增加，即形成"沃岛效应"；取样距离与土壤理化性质共同决定围栏牧场植物群落的分布格局。随着与饮水点距离的增加，群落指示种存在从一年生短命植物向多年生建群物种，最后向退化指示种演变的替代现象，"光裸圈"中心及外围区域的群落特征、物种多样性及土壤理化性质等受放牧影响最大，而介于二者之间的中部环形区域所受扰动较小，该结论进一步验证中度干扰假说，为相似区域的"光裸圈"研究、相应的围栏放牧活动、科学管理及合理利用牧场提供重要参考。

综上所述，降水量是影响呼伦贝尔草原不同尺度植被空间分布及群落特征变化的最主要影响因子，而植被整体向旱生方向演变，则是由于长时间尺度上的气候变化加之部分不合理的放牧活动导致的。由饮水点围栏放牧所产生的"光裸圈"现象对群落特征、生物多样性及土壤理化性质均产生明显影响，是小尺度范围造成草原退化的主要原因。建议在相似区域的退化草原，适当调控放牧强度以及严格按照国家规定进行休牧、禁牧等措施，对草原进行相应的保护和修复，才能保证我国北方草原的可持续发展。

本书由以下项目资助：国家重点研发计划项目（2016YFC0500908），国家自然科学基金项目（31670715），国家自然科学基金国际（地区）合作与交流项目（32061123005），国家自然科学基金青年基金项目（32201628），国家国际科技合作专项项目（2015DFR31130），中央级公益性科研院所基本科研业务费专项资金"一带一路"荒漠化治理技术集成与应用"（CAFYBB2017ZA006），呼伦贝尔市科技计划项目（SF2023007），呼伦贝尔学院博士基金项目（2021BS11），呼伦贝尔学院学科建设与研究生教育专项课题（2022XKJSYB06）。本书完成过程中得到中国林业科学研究院荒漠化研究所白建华、时忠杰、张晓、李思瑶等老师的帮助；在植物物种鉴定上得到内蒙古大学赵利清教授、内蒙古农业大学旭日讲师的帮助；在野外群落调查过程中得到中国林业科学研究院王百竹博士及王丹雨博士，北京林业大学图雅博士的帮助；在土壤样品测试过程中得到国家林业和草原局内蒙古磴口荒漠生态系统定位观测生态站郝玉光研究员、葛根巴图博士和辛智鸣高级工程师的帮助。在此对以上人员的帮助表示诚挚的谢意。

本研究虽然基于呼伦贝尔草原近十八年的遥感数据和多年的野外群落调查数据进行了较为深入的研究和探索，但随着数据和研究方法的不断更新，以及著者水平所限，书中难免存在一些不足之处，希望广大读者提出宝贵意见，以便进一步修订和完善。

著者

2024 年 2 月

目　　录

1 绪论

1.1 研究背景与意义

草原是世界上最大的植被类型之一，占世界陆地面积的 1/4（Sala et al., 1996；Scurlock et al., 1998；Liu et al., 2017），在调节全球气候变化和碳循环（Conant, 2010）、生物多样性保护（Thornton et al., 2009）、粮食安全（Liu et al., 2015）、区域社会经济发展和生态安全（Li et al., 2013）等方面具有重要贡献。我国作为草地资源丰富的国家，约有 3.92 亿 hm^2 草原，占世界草原面积的 12%，占全国陆地面积的 41.7%（Fan et al., 2008），其中内蒙古草原是第二大草原，总面积约 7 880 万 hm^2（徐大伟，2019）。呼伦贝尔草原位于内蒙古高原东北部，大兴安岭以西地区，与大兴安岭相连成为我国东北地区一道强大的生态屏障（吴庆标等，2004；陈宝瑞等，2010；乌兰吐雅等，2013；郭连发等，2017；沈亚萍等，2017），同时也是 ICBP 全球变化研究的典型区域（Wang et al., 2011）。呼伦贝尔草原作为欧亚草原资源研究及生物多样性保护的重要基地，自东至西呈草甸草原、典型草原和荒漠草原规律分布，形成了独特的以降水为纽带的多源景观类型（李博等，1992），其地理位置特殊，植被类型多样，具有较高的生态价值和科研价值（丁小慧等，2012）。此外，作为我国重要的畜牧业基地，为千千万万牧民的生存提供了生态支持，是牧民主要的经济来源。前人的研究表明，在全球气候变化和人类不合理生产活动的双重影响下，呼伦贝尔草原生态环境不断变化（Ying et al., 2016），表现为植被覆盖度降低（赵慧颖，2007；张宏斌等，2009）、植被群落结构与功能发生变化（Zheng et al., 2010；Li et al., 2014；Liu et al., 2015）、土壤涵养水分的能力不断下降（聂浩刚等，2005）、沙化面积不断扩大（Li et al., 2012），这严重影响了当地人民的生活和经济发展甚至对整个北方草原的生态安全构成了极大的威胁（刁兆岩等，2012）。但是近年来的研究表明，无论是全球（Pouliot et al., 2009；Liu et al., 2013；Zhang et al., 2015）、中国（Liu et al., 2010；Zhao et al., 2011；刘宪锋等，2015；Tong et al., 2016；Tao et al., 2018）、内蒙古（Chen and Wang, 2009；Tian et al., 2015）还是呼伦贝尔草原（沈贝贝等，2019），不同尺度草原覆盖度均呈现增加趋势。由于草原植被具有空间依赖性，区域尺度草原的研究对全球尺度草原变化研究具有举足轻重的意义。

植被分布格局是研究一个区域植被信息的重要部分，对于当地土地利用管理、资源保护及可持续发展具有重要的意义。气候变化、放牧活动等天然和人为因素干扰是影响植被空间异质性的主要调控因子，但是干扰因子对于植被分布格局的影响是具有尺度依赖性的，不同尺度上的干扰类型、强度有所不同。区域尺度上植被覆盖度和分布格局则受自然和人为等不同干扰因素类型和强度共同调控（张宏斌等，2009；张戈丽等，2011；李忠良等，2015；Ying et al.，2016；彭飞等，2017；曲学斌等，2018）。样带尺度上的植被分布格局因干扰因素类型不同而发生相应的变化（郑晓翾等，2007；郑晓翾等，2008；陈宝瑞等，2008；陈宝瑞等，2010；Zheng et al.，2010；Li et al.，2014；Liu et al.，2015）。样点尺度上围封、刈割、放牧等人为因素强度是影响植被生物量和多样性的密切关联因子（吕世海等，2008；聂浩刚等，2005；Li et al.，2012；刁兆岩等，2012；黄振艳等，2013；Liu et al.，2014；谭红妍等，2014；徐大伟等，2017；杨尚明等，2015；Xu et al.，2017；苏敏等，2018）。因此，亟须从不同研究尺度作为出发点，有机结合自然、人为等多种影响因素，全面解析不同因素对呼伦贝尔草原的影响程度，实现对于呼伦贝尔草原的健康、可持续发展。

本书以呼伦贝尔草原为研究对象，首先采用归一化植被指数时空序列数据作为数据源，开展区域尺度上植被覆盖度变化强度和趋势及驱动因子监测；同时采用传统调查方法，探讨样带尺度上的植被群落组成及其与影响因子相互作用，再细化到饮水点植被及土壤因子的分布格局。将不同尺度的生态格局进行有机结合，探讨自然因素和人为因素影响下不同尺度的植被分布格局，为呼伦贝尔草原的保护管理提供理论依据。

1.2　国内外研究进展

1.2.1　植被变化监测

植被作为陆地生态系统的重要组成部分之一，是联结土壤和大气的天然纽带，是气候变化的"指示剂"，此外，在防风固沙、水土保持、土壤环境的改善、调节全球碳循环等方面具有举足轻重的作用（Song et al.，2007；Gang et al.，2014；张含玉等，2015；Su et al.，2015；Yin et al.，2016；Aly et al.，2016；Wang et al.，2018）。另外在美化景观环境方面也发挥着重要的作用（陈效逑等，2009）。植被在陆地生态系统自发或相应变化模式的影响下发生转换和改变（Lu et al.，2004；Kennedy et al.，2014）。其中植被的转换通常是土地利用变化、森林砍伐（Grimm et al.，2008；Cohen et al.，2010；Hansen et al.，2012；Stibig et al.，2014；Wang et al.，2015；Cohen et al.，2016）等人为因素以及火灾、白灾、洪涝（Goetz et al.，2005；Westerling et al.，2006；张继权等，2010；Mack et al.，2011；常煜等，2012；Forkel et al.，2013；李耀东等，2017）等自然因素的影响下突然发生的，而变化是在全球气候变暖、降水量减少和土壤侵蚀等引起的植被覆盖率或物种组成的变化等长期缓慢变化过程中逐渐和持续发生的（Gang et al.，2014）。准确探测植被覆盖度的变化对于了解生态系统功能的变化和确定潜在的驱动因素是十分必要的。

归一化植被指数（NDVI）是植被绿度的遥感度量，与叶面积指数（Jabro et al.，

2016；Sun et al.，2016；Tan et al.，2020）、植物吸收的光合有效辐射（Daliakopoulos et al.，2017；Gitelson et al.，2019）、植物生物量（Buchhorn et al.，2016）、植被覆盖度（Zhang et al.，2019）等植物的结构属性和生产力属性有关。因 NDVI 与如此多的植被属性有关，从而具有多种解释。不同时期、不同时间长度的 NDVI 可以分析不同生态学过程（Marchetti et al.，2020）。例如，年均 NDVI 或年最高 NDVI 提供了综合的光合作用活动（Bunn et al.，2006；Forkel et al.，2015），季节 NDVI 可判断群落组成变化，常绿和落叶植被的组成（Li et al.，2017），生长季 NDVI 与物候变化有关（黄文洁等，2019；Forkel et al.，2015；Bock et al.，2020）。因此，时间序列 NDVI 的趋势检测可以帮助识别和量化从局部到全球范围内生态系统属性的最新变化。

中分辨率成像光谱仪（MODIS）数据产品在全球范围内具有强大的功能，并在现有指数的基础上进行改进，提高了植被敏感度，将与大气、视角、日照角度、云层等外部影响和凋落物等固有的非植被相关的变化降至最低，以便更有效地度量植被的时空变化（Skakunn et al.，2017）。MOD13Q1 植被指数用于监测植物光合活动，以支持物候学，变化检测和生物物理特征（Zhang et al.，2003；Zhang et al.，2017；Baeza and Paruelo，2020），从而对全球植被状况进行时间比较（Zhang et al.，2017）。栅格化的植被指数图描绘了植被活动的时空变化，以 16d 为时间尺度，用于精确监测地表植被季节和年际变化（Lu et al.，2014）。基于 MODIS NDVI 数据，不同学者从全球、陆地和区域尺度对植被分布格局和植被覆盖度变化进行了研究。Yuan et al.（2010）利用 MERRA 数据集和 MODIS 数据确定了全球 2000—2003 年在 0.5°×0.6°空间分辨率下的蒸散率和总初级生产力，结果表明热带雨林的蒸散率和总初级生产力最高，干旱和高纬度地区的最低。He et al.（2018）在 MODIS 数据基础上运用 CABLE、ORCHIDEE、LPJ、VISIT 和 CLM4CN 等 5 种模型模拟全球 2000—2012 年植被覆盖度变化分析，结果表明，5 种模型一致地证明碳利用效率具有纬度梯度性，高纬度地区植被的覆盖度更高。Hill et al.（2020）基于 MODIS MCD43A4 研究 2001—2018 年全球植被覆盖度变化，得出在连年干旱、过度放牧、农业扩展和其他土地利用变化之下东非、巴塔哥尼亚和澳大利亚的米切尔草原非光合作用植物呈减少趋势而裸地面积呈增加趋势。Wang et al.（2020）利用 MODIS MAIAC 数据（Multi-Angle Implementation of Atmospheric Correction Algorithm）分析加拿大南艾伯塔省草原年内和年际生产力，因降水和温度影响生长季的起始时间而影响生产力，另外生产力与 MODIS 数据的 1，2，11 波段有强相关性，表明附加的 11 波段比典型的 2 波段更好地反映草原总初级生产力的变化。Baeza et al.（2020）在决策树分类方法基础上运用大量的野外调查数据和 MODIS NDVI 数据分析拉丁美洲草原变化，结果表明在剧烈的土地利用变化背景下草原面积急剧下降。

随着我国遥感技术的日益发展，对我国各个区域植被分布格局和覆盖度变化的研究也逐渐增加。刘宪锋等（2015）结合 CIMMIS NDVI 和 MODIS NDVI 研究 1982—2012 年，30 年间中国植被的变化，结果表明在自然因素和人为因素双重影响下中国植被呈增长趋势，但各个区域的主要影响因素有所不同，北方地区与温度的关系强于降水，而降水对于南方植被覆盖度的影响更大，东南沿海地区植被则受城市化等人为因素影响更大。张仁平等利用绿度变化率反映北方草原植被变化，研究得出北方草原没有变化的区域占整个北方草原一半以上，其次为退化的面积大于改善的面积（张仁平等，2015）。Xu et al.（2016）结合 CIMMIS NDVI（1982—2006 年）和 MODIS NDVI（2001—2013 年）数据研究中国新疆草原植被覆盖度变化，研究指出研究时段内新疆总体植被覆盖度呈增加趋势，但影响南疆和北疆草原植被覆盖度变化的原因不同，对于南疆植被覆盖度的变化降水量和蒸发量的影响大于温度的作用，而对于北疆的植被覆盖度温度和降水具有相等的影响。张宏斌等（2009）研究内蒙古草原植被变化时发现近似 2/3 的草原区域趋于好转，1/3 的面积趋于恶化。元志辉等（2016）、王静璞等（2015）、黄永诚等（2014）和马龙（2016）利用 MODIS NDVI 数据集和线性回归方法分别研究浑善达克沙地、毛乌素沙地和科尔沁沙地并得出相同结论，即研究期间植被均呈增加趋势。以上研究表明，基于 MODIS（中分辨率成像光谱仪）数据集捕捉陆地生态系统的大范围变化方面已被证实是有效的。

大比例尺、长期植被研究是生态与全球变化研究的重要领域之一。长期植被变化方法可以分为两类。第一组检测单一类型的变化，检测趋势动态，包括参数或非参数趋势分析方法，如代数计算法、傅里叶变换、小波变换、主成分分析法、最小二乘线性回归方法以及非参数的 Sen 的斜率估计配合 Mann-Kendall 检验检测是常用的变化检测方法。

代数计算法包括比值计算、差值计算和方差计算。计算原理为，若 T1 和 T2 是两个时期的遥感影像，此两个影像上的每个栅格具有相似的灰度值，当发生变化时 T1 与 T2 时期对应的栅格位置灰度值就会有较大差异。两个差值影像中没有发生变化部分的灰度值等于 0，发生变化区域灰度值则不等于 0。此方法的优点在于操作简单且快速。缺点在于，此方法是基于点对点的计算所以差异影像存在许多的噪声，只适应于影像特征比较单一的地物类型变化检测中，且受到气候因素影响较大（Malpica et al.，2008；Sasa-gawa et al.，2008；杨胜等，2009；盛钊等，2013）。

傅里叶变换是可以检测出植被的年际波动和月际波动等，常用于植被的内部循环（殷守敬等，2013）。小波变换是从傅里叶变换发展而来的，但与傅里叶变换不同的是小波变换具有构造时频表达的能力，可用来描述一个数据集的多尺度特征，因此具有实现信号时频局部化的优点，从而常常应用于植被波动周期的检测（黄亮等，2013）。缺点在于难以体现长时间序列植被的具体变化（殷守敬等，2013）。

主成分分析法是提取多光谱和多维度遥感数据信息的经典变换方法。其目的是将原来多个波段中的信息集中到较少图像中，同时使这些成分相互间没有相关性（Lasaponara et al.，2006；吴柯等，2010），主成分分析法的优点是可以分离信息、减少相关的、突出的植被覆盖度的变化，缺点在于确定主成分数量是根据检验判断的，并没有明确的方法（吴柯等，2010；牛鹏辉等，2011）。

变化矢量分析法，此方法通过比较两个年份同一像元 NDVI 时间序列矢量差异的变化矢量来描述年度间土地覆盖变化信息（Lambin et al.，1994）。变化矢量分析法是在欧氏距离的基础上量化变化强度，所以使用不同时相传感器、植被物候、大气条件和土壤水分等差异导致的"干扰噪声"也常常同时被探测到，而对 NDVI 值较低地区的土地覆盖变化则无法正确检测（Chen et al.，2003）

最小二乘线性回归方法先假定两个时期的影像间存在一个线性函数，进行回归分析，然后通过回归方程运算的预测值减去前一期的灰度值，从而得到两个时期的回归残差图像。然后通过设定一个变化阈值来确定变化区域（Yan et al.，2011）。此方法的优点在于计算简单，结果直观，缺点在于要求研究对象需要满足正态分布，且避免遥感数据噪声的能力较弱（蔡博峰等，2009）。

Sen 斜率结合 Mann-Kendall 检验是一种重要的非参数趋势分析方法，并广泛应用于世界各地土地利用土地覆盖研究（Jiang et al.，2011；Guo et al.，2018；Yi et al.，2018）以及气候和其他环境因子变化评估中（Zhao et al.，2015；Atta et al.，2017；张红英等，2016；王朋辉等，2019）。

另一组检测变化的方法是检测时间序列中的突变，即，异常检测方法。基于突变的时间轨迹序列进行趋势分析可能会影响导出的梯度覆盖趋势变化的准确性（Bock et al.，2020）。

最近的研究试图开发基于归一化植被指数（NDVI）时间序列的多目标变化检测方法，以捕捉趋势变化和突变变化，其中加性和季节性趋势突变（Breaks For Additive Seasonal and Trend，BFAST）和趋势中检测断点和估计分段（Detecting Breakpoints and Estimating Segments in Trend，DBEST）是两种典型的方法。BFAST 方法能够检测到植被物候的趋势和季节成分的突变（Verbesselt et al.，2010）。在气候年际变率较低的生态系统中物候相对稳定，这就意味着使用 BFAST 在物候周期中检测到的断点可以归因于生态系统干扰（Verbesselt et al.，2010；Hutchinson et al.，2015；Fensholt et al.，2015）。在年际气候变化较高的地区，干旱和洪涝年份可能会导致物候周期的重大自然变化，分辨植被的自然可变性和环境变化导致的突变就成为难点（Watts et al.，2014）。DBEST 通过采用分段策略并设置多个控制参数来帮助用户找到时间序列中所有感兴趣的突变点，从而进一步改进了 BFAST（Jamali et al.，2015）。虽然可以使用这些方法获取详细的变化，但很难将它们与具体的生态系统变化自动关联（Schultz et al.，2018）。这是因为检测到的变化可能是由不会对生态系统产生长期影响的短暂环境变化引起的，也可能是由确实具有持久影响的生态系统的方向性变化引起的（Fang et al.，2018）。因此，用户可能难以识别关注的变化并确定其潜在的驱动因素（Arantes et al.，2017）。此外，BFAST 和 DBEST 方法都使用最小的贝叶斯信息准则，根据整个时间序列的最优总体拟合优度来确定突变点的数量和位置（Zhao et al.，2019）。因此，轨迹中残差较大点的 NDVI 可能会影响序列的整体拟合性能，使得这些点更有可能被选为突变点（Morrison et al.，2018）。然而，这些点的 NDVI 可能只是具有频繁和强烈年际变化的时间序列中的正常波动。如上所述，在使用 BFAST 和 DBEST 方法时需要解决两个基本问题。第一种是将检测到的变化与特殊的生态系统变化联系起来，第二种是建立一种稳健的方法来确定具有频繁和强烈年际变化的时间序列中的突变点（Almeida et al.，2018）。

另一个常用的方法是 Evans et al.（2004）提出的残差趋势方法（Residual Trend，RESTREND），是对年最大 NDVI 和相关气候变量之间进行普通最小二乘回归方法。时间序列分段残差趋势（Time Series Segmented Residual Trends，TSS-RESTREND）是结合 RESTREND 方法和 BFAST 的一种从遥感植被和气候数据集自动检测土地退化的方法，其中 RESTREND 用于控制气候变异性，BFAST 用于寻求生态系统中的结构性变化

（Verbesselt et al.，2010）。当 Burrell et al.（2017）利用 TSS-RESTREND 分析澳大利亚时发现，与单独使用 RESTREND 相比，TSS-RESTREND 能够改进对退化区域的检测，能够准确检测两个已知退化历史的区域的变化时间和方向。所以广泛应用于不同区域植被变化与气候因子相关性分析中（Jamali et al.，2015；Burrell et al.，2017）。

此外，基于 Landsat 数据的 LandTrendr（Landsat-based Detection of Trend in Disturbance and Recovery）也是捕捉植被变化趋势的常用方法。此方法是基于三大策略的时间分割方法之一（Cohen et al.，2018）。三大策略即为：①LandTrendr 是获取植被覆盖度变化状况的方法，这种覆盖变化可以持续多年，而不是捕获年内变化趋势。由于云量、数据集间隔以及 16d 的卫星重复周期，年度时间长度是时间尺度，研究者们认为 Landsat 数据最适合该时间尺度，因此，逐年变化被认为是噪声（Hudak et al.，2013；Fragal et al.，2016；Yang et al.，2018）。②基于像素的结构进行分析。每年可以将多张图像输入该算法，但是每个像素的时间轨迹是根据每年每个像素的一系列最佳值构造的。因此，可以逐像素地避免由 Landsat7 扫描线校正器故障引起的云、云影和间隙。③该算法既允许类似于趋势搜索方法的长期信号中频谱噪声的时间平滑，也可以平滑捕获类似事件的频谱变化寻求偏差的策略（Kennedy et al.，2010；Fragal et al.，2016；Runge et al.，2019）。

基于上述方法或多或少的缺点，越来越多的学者将信息熵理论引入生态学和地理学的研究中，如生物多样性评估（Carranza et al.，2007；Kempton，2018）、进化（凌锦良，1990）、物种空间动态（高蓓等，2015；张路，2015；苏伟等，2016；刘丹等，2018；孔维尧等，2019）、景观描述（Martín et al.，2006；Joshi et al.，2006；Vranken et al.，2015）和空间自相关（Diniz-Filho et al.，2008）等研究中以更深刻洞察生态学和地理学过程。自 Shannon（1948）将其引入信息理论中，并表征生物群落多样性以来又发展出许多多样性指数，如 Renyi 熵（Rényi，1961；TÓthmérész，1995），Tsallis 熵（Tsallis，2002）等。此外，信息熵在土地利用变化检测中也有较多的应用。例如，Ozturk 等基于 TM 和 OLI 数据运用香农熵研究土耳其 3 个区域土地利用变化，结果表明 3 个区域的城市扩张明显（Ozturk，2017）。Alshariff et al.（2015）利用香农熵识别和验证的黎波里从 1982 年到 2010 年的土地利用变化方向。此外，许多研究者应用香农熵研究不同区域的土地利用变化为制定合理的城市发展规划提供必要信息（Lata et al.，2001；Kumar et al.，2007；Alabi，2009）。这些研究均是基于两个时期或几个时期的变化检测，并不能深刻反映长时间序列变化检测，鉴于此王超军等发展了基于长时间序列 NDVI 数据的时间信息熵和时间序列信息熵分析延河流 2000—2010 年土地利用变化，并与回归分析法进行比较，结果表明此方法可更科学、客观地表征研究时段内植被变化特征（王超军等，2017；Wang et al.，2019）。

1.2.2　植被分布格局与影响因子关系

植物群落是生物群体和环境条件共同驱动的集合体，植物物种组成及其与环境因子间的作用关系是生态学研究的重点，是研究一个区域植被信息的重要部分，对于当地土地利用管理、资源保护及可持续发展具有重要的意义。因研究尺度不同，影响因子也会有所不同，全球尺度乃至区域尺度上气候因子（温度、降水等）往往是最主要的影响因子，在小尺度上，地形因子（高程、坡度和坡向等）以及土壤因子（土壤理化特征等）发挥主要的作用。此外，对于不同生态系统影响植被分布与多样性的主要调控因子有所不同，对于同一生态系统不同研究区而言影响植被群落分布与多样性的影响因子也有所不同。

1.2.2.1　气候因子对植被分布格局的影响

气候与植被的变化是相互的，水热条件是影响植被分布和变化的主要气候因子，植被的分布格局及其变化也会反过来对区域气候产生影响。发生显著的动态和演变是植被应对气候变化的适应特点（吕佳佳等，2009；於琍等，2010）。根据IPCC可知，温度和降水的强烈区域偏差会影响植被的分布格局及其生产力，直接改变区域的碳、养分和水温循环（IPCC，2007）。例如，温度升高对北美常绿针叶林的分布具有决定性意义（Liu et al.，2016），也使我国大部分森林边界向北和向西移动，扩大了旱生生物群的分布，并将冻土带限制在高的海拔范围内（Wang et al.，2011）。吴正方等（2003）的研究结果表明温度升高导致的干燥气候会使寒温带范围逐渐缩小甚至退出东北地区，相反，暖温带和温带范围扩大较明显，植被分布界向北移动。增温导致北极冻原的灌木群落的扩展，以至引起北极植被覆盖度的增加（Myers-Smith et al.，2011）。Wang et al.（2012）发现升温导致植被群落中草本植物的比例增加，从而引起植被组成变化。降水量的增加导致中生生物群占据了更大的面积，而旱生生物群的面积却逐渐减少，温带地区和青藏高原的大多数植被类型随着降水量的增加向西扩展到干燥的大陆内陆（Wang et al.，2011）。而我国裸子植物的分布取决于温度和降水的综合作用（陈雯等，2013）。C_4植物的垂直分布取决于温度，水平分布取决于降水（苏培玺等，2011）。而对于荒漠生态系统而言，由于植物种已经适应于长期的高温和多风环境因此温度并不能对植被分布格局产生影响，从而降水成为主要控制因子（李新荣等，1998；Li et al.，2017；马全林等，2019）。

1.2.2.2　地形因子对植被分布格局的影响

海拔、坡度和坡向通过调控温度、湿度以及光照程度来营造植物生长的微环境，从而影响土壤养分等植被生长所需的其他环境因子而综合地作用于植物物种组成和多样性（盘远方等，2018）。海拔梯度引起的"纬度效应"是调控中国种子植物分布格局的主要因子（冯建孟等，2009）。此外，海拔亦是草原生态系统植被分布的主要因子（姚帅臣等，2017），也是沙漠生态系统植物物种组成的调控因子（马全林等，2019）。王兴等（2016）的研究表明微地形坡面面积比例和高程的变异强度不同时影响荒漠草原植物多样性空间分布的主要因子有所不同。典型草原植被类型的分布也受坡向和坡形等地形因子的影响，坡底多分布多年生杂类草，坡顶则以多年生禾草和一、二年生草本植物，阴坡主要分布多年生丛生禾草、半灌木、小半灌木等，阳坡分布有一、二年生草本植物，多年生禾草、杂类草，灌木及半灌木等（田迅等，2015）。关文彬等（2001）的研究表明坡度和坡形等地形因子对于呼伦贝尔沙地和科尔沁沙地等北方荒漠化地区的植被分布格局具有重要作用。此外，坡度和坡形亦会影响浑善达克沙地植物群落分布，背风坡的优势种有羊草（*Leymus chinensis*）、狗尾草（*Setaria viridis*），而迎风坡优势种有洽草（*Koeleria cristata*）和雾冰藜（*Bassia dasyphylla*）（白红梅等，2015）。

1.2.2.3 土壤因子对植被分布格局的影响

在不同环境因素中，土壤是影响植物群落及物种分布的重要环境因子之一，土壤的水、热、气、肥等理化性质通过植物生长发育过程中根系的分泌物、枯落物等得到进一步改善（Garcia et al.，2016）。干旱、半干旱区的土壤存在一定的空间异质性，在相似的气候背景下，植被分布的空间差异在很大程度上取决于土壤理化性质。

Dorji et al.（2014）在研究青藏高原高寒草原植物多样性和物种组成沿环境梯度的变化时发现，表层土壤粗糙度和土壤水分是影响物种组成和物种多样性的重要环境因子。pH 值则是南非半干旱草原植被分布的调控因子（Dingaan et al.，2017）。尹德洁等在研究山东滨海盐渍区植物群落时发现土壤可溶性盐离子是影响群落分布及群落多样性的影响因子（尹德洁等，2018）。鄱阳湖湿地生态系统 5 个主要群落类型分布主要受 pH 值的调控（Wang et al.，2014）。土壤容重、有机质含量、全磷含量是影响黄土丘陵区的主要影响因子（贾希洋等，2018）。全氮则是敦煌绿洲边缘植物群落的调控因子（赵鹏等，2018）。土壤可溶性钠和 pH 值影响浑善达克沙地丘间低地的群落格局，可溶性钠从低到高的梯度上依次分布大针茅+糙隐子草群落（*Stipa grandis+Cleistogenes squarrosa*）、冰草群落（*Agropyron cristatum*）、羊草＋赖草群落（*Leymus chinensis + Leymus secalinus*）以及西伯利亚剪股颖群落（*Agrostis sibirica*）（刘海江等，2003）。曹文梅等（2017）利用 MRT 分类方法和 DCCA 排序方法研究科尔沁沙地植被分类及排序，得出结论说明土壤粒径和土壤电导率是调控植被分布格局的主要影响因素。地下水位、覆沙厚度是控制毛乌素沙地景观异质性的主要环境因子（陈仲新等，1996；朱媛君等，2016）。此外，土壤含水量为调控森林-草原连续体及冻原生态系统的物种多样性的主要因子（Iturrate-Garcia et al.，2016；Singh et al.，2017）。全氮、pH 值和全钾是绿洲植被结构的主要影响因子（赵鹏等，2018），而全盐量、Cl^-、K^+、Na^+ 和 Mg^{2+} 等的含量是绿洲荒漠过渡带群落多样性的主要影响因子（张林静等，2002）。

呼伦贝尔草原由于其多样的植被信息吸引着许多研究者的兴趣。但是大多数研究致力于定点或单一群落类型及单一影响因素下的研究（吕世海等，2008；黄振艳等，2013；谭红妍等，2014；杨尚明等，2015；徐大伟等，2017；苏敏等，2018）。但是运用数量分类和排序的方法整体上研究呼伦贝尔草原的植物群落组成及其影响因子的研究甚少（陈宝瑞等，2008；陈宝瑞等，2010；山丹等，2019）。数量分类和排序方法可以准确、科学地揭示植物群落及其生存环境间的关系，更深入了解和分析生态系统内在联系（张金屯，2004；何明珠等，2010；赵从举等，2011）。本研究应用分类排序方法全面、深入地揭示呼伦贝尔草原植被分布与环境因子间的关系。

1.2.3 光裸圈

自 20 世纪 80 年代初实施农村改革以来，内蒙古实行了"家庭责任制"产权安排，通过提高牧民的生产水平刺激畜牧业的发展（Li et al.，2007）。"家庭责任制"又称

"草畜双承包"责任制，是指政府与牧民签订两份合同：畜牧权和草地资源使用权合同。自"草畜双承包"责任制实施后，呼伦贝尔草原的放牧形式逐渐从自由放牧转变成定居围栏放牧，从而围栏牧场成为草地资源最小组成单位（Li et al.，2007），牧场的量变最终会引起整个呼伦贝尔草原的质变。在许多干旱和半干旱地区，供水是一个关键问题，因为水资源限制了牲畜的生存，以及牲畜流动和分布的时间和空间维度（Shahriary et al.，2012），缺水比缺乏食物等其他资源更容易导致生物的活动缓滞甚至死亡（Derry et al.，2004）。因此牧民通常使用风力或油泵从地下抽水，储存在存罐中以释放到水槽中进行牲畜饮水。在牧场这种小尺度范围内，以水资源为主要因子的生态过程使干旱区域的生物种群及其生存环境表现出独特的空间格局，此格局对于牧场的植被和土壤变化动态及牧场管理具有重要影响（Todd et al.，2006；Tarhouni et al.，2007）。

以水源为中心的放牧活动是干旱区牧场利用的主要方式，此种牧场利用方式会使牲畜聚集在水源点，并从那里获得补充水，从而导致饮水点附近的牧场会遭到过度的践踏和啃食，放牧压力较大，但随着离饮水点距离的增加放牧压力逐渐减少（Wesuls et al.，2013），植被覆盖度、物种组成、土壤理化特征和土壤紧实度等逐渐改变，这种以水源为中心的梯度退化，被称为"光裸圈"，本质上表示扰动梯度（Rajabov et al.，2009；Anthony et al.，2015）。此外，动物的庇荫场所、碱块等资源中心以及人类居住地周围都会出现类似"光裸圈"的辐射分布格局（Jia et al.，2011），被认为是干旱半干旱区域牧场退化甚至荒漠化的主要标志（Landsberg et al.，2003；Rajabov et al.，2009；Anthony et al.，2015）。饮水点在牧场中所处位置及其数量的合理安排有助于高效地管理牧场，并且可将放牧与其他环境因子分开来研究小尺度生态学过程，给小尺度生态学研究提供切入点（Todd et al.，2006）。

1.2.3.1　"光裸圈"的发展历程

早在 1932 年，Osborn et al.（1932）在澳大利亚首次观察到水源点周围放牧强度呈辐射状对称，并研究了放牧对沿水源点辐射状分布样带上植被的影响。此后，Stoddart（1943）、Campbell（1943）、Glendenin（1944）、Valentine（1947）均发现，距离饮水点的距离是影响牧草利用的重要因素，并提出在干旱区进行野外调查时需考虑水源圈影响，这种影响可能会随着调查季节、牲畜的年龄和种类、临时可利用的边远水、雪、盐渍区域、道路、小径、牧草对放牧和践踏的抵抗力等因素的变化而变化。此后，Lange（1969）利用低空航空照片对羊群足迹及粪便分布格局进行研究并首次提出"Piosphere""光裸圈"或"水源圈"的概念。其中"pio"是希腊语中"水"，而"sphere"代表干扰对可用资源的影响逐渐减弱梯度。低航空照片提供的数据描述了"光裸圈"周围形成的绵羊足迹的长度、方向、类型以及粪便密度，从这些数据得出羊群足迹围着饮水点呈辐射状对称分布；随着离饮水点距离的增加羊群轨道密度线性减少；随着离饮水点距离的增加障碍物密度逐渐减少；随着障碍物密度的减少羊群轨迹密度也随之减少；"光裸圈效应"可能对某些物种其促进作用，对另一些物种起抑制作用。

1978 年，Graetz et al.（1978）利用新南威尔士州牧场的灌木盖度和草本基盖度以及之前南澳大利亚牧场调查所得到的野外数据，即 Rogers 和 Lange 的调查所得的饮水点周围的地衣数据，Barker 和 Graetz 所得到的藜科灌木密度和其他特征拟合植被和土壤因子在"光裸圈"内随离水源点距离变化趋势并提出逻辑斯谛模型，根据曲线斜率最大的两点对应的距离值从饮水点由近及远，将"光裸圈"划分成"牺牲带""过渡带"和"自然带"，这是首次对"光裸圈"进行定量的分析。此后逻辑斯谛方程以某种方式发展成为牧场评估和监测的量化方法。

1986 年，Andrew et al.（1986）在南澳大利亚铁路围封牧场内进行首次定位试验，观察约每 $6.7hm^2$ 一只羊密度放牧压力下"光裸圈"的形成发展过程。"光裸圈"发展过程中，放牧 3 个月后水源点周围明显沉积了羊粪，羊群轨迹和地衣结皮盖度显著；6 个月后形成 0~5cm 的表层土壤紧实度格局，此土层的土壤容重也会增加 20%，降尘的"光裸圈"格局不明显。两年内，放牧轨迹格局从离饮水点 10m 处扩展到 800m，但是 0~5cm 表层土壤侵蚀不明显（Aandrew et al.，1986）。植物的响应为：放牧 3 个月后禾草的生物量有明显的变化；6 个月内欧夏至草（*Marrubium vulgare*）入侵；2 年内澳大利亚囊状盐篷（*Atriplex vesicaria*）几乎没有死亡的；8 年后 *Atriplex vesicaria* 的死亡形成明显的"光裸圈"格局。随着放牧年限的延长，牧草的生物量和灌木被啃食量的"光裸圈"效应会越来越显著。

在国内，李世英等（1965）在研究呼伦贝尔草原演替情况时，发现在乌尔逊河、辉河、克鲁伦河等水源点附近出现因为牲畜集中，草原负荷过量导致草地退化现象，但是没有提出专门的术语定义这种现象。直至 20 世纪 80 年代，黄兆华（1981）在研究内蒙古鄂尔多斯市的牧场利用方式及过牧导致的沙漠化问题时注意到牧场上牲畜聚集点或饮水点附近出现沙化的现象并提出"光裸圈"，被认为是过度放牧导致的草场的严重破坏而形成的沙漠化圈。随后，陆续有学者报道有关"光裸圈"的研究结果。例如，Jia et al.（2011）运用排序及指示种分析方法研究离牧户不同距离处的主要指示物种及其群落特征，给居民点周围围栏放牧活动及其导致的退化模式和过程提供更深入的见解。喻泓等（2015）调查毛乌素沙地 10 家围栏牧场"光裸圈效应"时发现随着离饮水点距离的增加物种多样性、群落高度盖度均有增加趋势，群落组成和结构均会发生显著变化。徐文轩等（2016）研究新疆荒漠地区的"光裸圈"时发现随着离饮水点距离的减少建群种的优势度减少，群落盖度降低，一年生植物增多。罗培等（2019）在蒙古国和我国内蒙古境内共选取 5 个点研究离牧户不同距离处的植被特征，结果显示离牧户 0~450m 距离范围内的植被变化是草原保护中重点关心的区域。

1.2.3.2 植物的"光裸圈"效应

放牧活动对于牧场这种小环境的群落结构和功能方面起着关键的作用（Heshmatti et al.，2002）。Fernandez et al.（2001）对于蒙古草原"光裸圈"进行研究时发现随着离饮水点距离的增加物种组成发生显著变化。Shahriary et al.（2012）的研究表明随着靠近饮水点位置植被高度逐渐降低，植物组成沿放牧梯度的变化与土壤氮、pH 值、有机质和电导率等有关。放牧活动对于植被组成的影响主要源于两方面机制，首先，食草动物通过去除植物盖度和选择性觅食来改变植物的光竞争平衡（Milotić et al.，2010；Wang et al.，2016）。其次，放牧动物通过产生粪便和尿液来促进养分循环并刺激微生物活动导致劣质、适口性差的"促进种"得益于高放牧压力而趋向"光裸圈"的中心部位，将排斥优质的"抑制种"趋于"光裸圈"的外围区域（Heshmatti et al., 2002；Todd, 2006）。有些学者支持这种理论，如徐文轩等研究新疆准格尔区水源圈植物群落退化格局时发现相同的结果，即靠近饮水点处建群种博洛塔绢蒿因放牧作用的抑制逐渐减少而促进适口性差、有毒植物骆驼蓬的生长（Rajabov, 2009；徐文轩等，2016）。而另一些学者持有相反的观点或部分认同的观念（Nangula et al., 2004）。放牧促进了一些牧草的生长，而抑制了另一些牧草的生长（James et al., 1999；喻泓等，2015），即分为"促进种""抑制种""稳定种"，进而成为中度干扰假说（Jane et al., 2012；Lázaro et al., 2012）、植被演替（INT Research Upload, 1994）、植被动态的非平衡理论（Smet et al., 2006）的验证工具。

1.2.3.3 土壤的"光裸圈"效应

饮水点是为了缓解世界上大多数牧场的缺水情况而建的，对于土壤和植被均有显著影响（Andrew et al., 1986）。牧场的利用梯度为动物的觅食和摄取提供了反馈，并为土壤养分和植物种子在景观中的重新分配提供了反馈（Jeltsch et al., 1997；Azarnivand et al., 2010）。除了觅食活动外，牲畜的践踏还会破坏树冠结构并且扰乱凋落物，从而暴露表层土壤，增加土壤紧实度、土壤容重，并在此过程中减少土壤孔隙度（Zhao et al., 2007；Egeru et al., 2015）。减少的孔隙度阻碍了水分通过土壤的渗透，导致土壤水分较低（Reszkowska et al., 2011）。牲畜的践踏作用平缓了牧场的微地形，逐渐变缓的微地形限制了径流水和养分的收集，并通过去除保持植被斑块的植物—土壤相互作用而增加了裸土斑块（Li et al., 2008）。暴露的表土粉尘被风侵蚀或被雨水固定在土壤结皮中，进一步减少了入渗，增加了径流（王明君等，2010）。土壤灰尘聚集在叶表面，阻碍气孔关闭或光子捕获和吸收，从而阻碍光合作用和蒸腾作用（Liang et al., 2009；Davoud Akhzari et al., 2015）。此外，牲畜可以通过排尿和排便将从较大区域摄取的养分集中到"牺牲区"，从而直接改变土壤性质（Islam et al., 2018），例如，粪便和尿液的沉积改变土壤有机质、总氮浓度、土壤 pH 值和土壤微生物活性（Turner, 1998；Qi et al., 2011；曹淑宝等，2012；Wang et al., 2016）。但是研究者们关于"光裸圈"对土壤理化特征的影响没有确凿的认识。一些研究者认为饮水点附近的氮含量较低，而一些学者持有相反的观点（张成霞，2010）。出现这种差异可能是由放牧制度、研究区域、放牧牲畜在饮水点附近停留的时间以及土壤类型对放牧活动的响应等因素造成的（杜玉珍等，2005；Cui et al., 2005；陈银萍等，2010）。呼伦贝尔草原是重要的畜牧业基地，放牧是当地牧民的经济支柱和主要的生产生活方式，为小尺度生态学过程研究提供理想的基地。

1.3 拟解决的关键问题及研究思路

1.3.1 拟解决的关键问题

本书通过对 3 个尺度上呼伦贝尔草原生态系统植被及环境因子变化的全面调查，拟解决以下科学问题：①呼伦贝尔草原植物群落在不同时空尺度上是如何变化的；②哪些因子显著影响不同尺度呼伦贝尔草原植被分布特征；③围栏放牧是否会导致显著的"光裸圈"效应。

1.3.2 研究思路与技术路线

本书以呼伦贝尔草原为研究目标，基于区域、样带、样点3个尺度探讨了呼伦贝尔草原生态系统植被的时空变化格局及其驱动机制，具体如下。

1.3.2.1 基于区域尺度的植被特征变化及其影响因子研究

本书在多平台（Matlab软件、ArcGIS软件、IDRISI 18.3软件、ENVI软件）支持下，利用时间信息熵和时间序列信息熵分析2001—2018年植被覆盖度变化强度和趋势，同时利用研究区6个气象站点的气象数据和统计数据，通过空间差值、空间相关性分析方法，分析植被覆盖度的变化特征，同时探讨导致该变化的主要影响因子。

1.3.2.2 基于样带的植被特征变化及其影响因子研究

基于990个野外调查的样方数据，采用数量分类与排序方法，整体分析呼伦贝尔草原的植物群落分布格局，同时分析中蒙边界样带、伊敏—呼伦湖样带、海拉尔河南岸样带和纳吉—黑山头样带4条样带的植物群落分布格局，并定量描述各植物群落的生物量、多样性等群落特征和土壤理化特征。最后运用CCA排序法量化影响整个呼伦贝尔草原和每条样带植物分布格局的驱动因子（3个气候因子、3个地形因子、21个土壤因子和1个人为因子）。

1.3.2.3 基于饮水点的植被特征变化及其影响因子研究

本书以饮水点位于不同位置的5家围栏牧场为研究样点，分析以饮水点为中心的围栏放牧活动对不同取样距离和取样方向上植被和土壤因子的影响，并探讨取样距离、取样方向以及牧场的土壤环境条件对于"光裸圈"植被特征的影响程度。

研究的技术路线如图1-1所示。

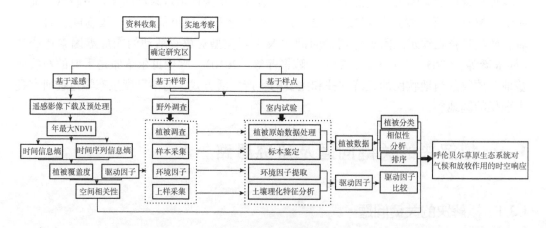

图1-1 研究技术路线

2　研究区概况与研究方法

2.1　研究区概况

2.1.1　地理位置

呼伦贝尔草原位于内蒙古自治区东北部，大兴安岭以西地区，行政区包括海拉尔区、满洲里市、新巴尔虎左旗、新巴尔虎右旗、陈巴尔虎旗以及鄂温克民族自治旗（以下简称鄂温克旗），分布范围为东经 $115°30' \sim 121°10'$，北纬 $47°20' \sim 50°15'$，总面积 $83\,600km^2$（Liu et al.，2014）。南边与兴安盟接壤，北边与俄罗斯接壤，边境线长 $1\,048km$，西南部和西部与蒙古国相连，边境线长 $675.82km$。

2.1.2　研究区气候

呼伦贝尔草原属中温带大陆性季风气候，冬季寒冷漫长，夏季温凉短促，春季天气多变、变率大、降水少、干燥风大，秋季气温骤降、落霜早，2001—2018 年年平均气温 $-0.4 \sim 1.6℃$，无霜期短，为 $40 \sim 130d$。年日照丰富，约为 $2\,700h$，$≥0℃$ 年积温 $1\,790 \sim 2\,820℃$，$≥10℃$ 年积温 $1\,235 \sim 2\,413℃$，有效积温利用率高。由于大兴安岭东北-西南的走向，大西洋的暖湿季风向西北方输送受到阻碍，加之蒙古高压气团的影响，大兴安岭以西的呼伦贝尔草原降水量则从东向西逐渐减少，从 $270mm$ 降至 $170mm$，集中在 7—8 月，雨热同期，植物生长旺盛。

2.1.3　研究区土壤与植被

由于受大兴安岭的屏障作用，随着生物气候带的变化，呼伦贝尔草原的土壤呈明显的经度地带性。自东向西分布着棕色针叶林土、灰色森林土、暗棕壤土、灰化土、黑土、黑钙土、栗钙土等有规律的分布，隐域性土壤有砂土、沼泽土和盐碱土。植被地带性与土壤地带性相互一致，植被发育与土壤分布情况息息相关。植被类型从东向西依次分布有寒温带针叶林、落叶阔叶林、林缘草甸，多年生禾草、杂类草草甸草原、沟谷及河岸林、丛生禾草，根茎禾草典型草原、低湿地植被、草原带的沙地植被、人工植被。

2.2 数据获取与预处理

2.2.1 基于区域尺度的试验设计及数据获取

本研究包括新巴尔虎左旗、新巴尔虎右旗、陈巴尔虎旗、鄂温克旗、海拉尔区和满洲里市共计34个苏木（市、区）。具体为：新巴尔虎左旗嵯岗镇、新宝力格苏木、吉布胡郎图苏木、甘珠尔苏木、阿木古郎镇、乌布尔宝力格苏木和罕达盖苏木7个苏木；新巴尔虎右旗分为敖尔金产业基地、呼伦镇、达赉苏木、阿拉坦额莫勒镇、阿日哈沙特镇、克尔伦苏木、宝格德乌拉苏木、贝尔苏木8个苏木；陈巴尔虎旗分为呼和诺尔镇、西乌珠尔苏木、东乌珠尔苏木、巴彦哈达苏木、鄂温克民族苏木、巴彦库仁镇、宝日希勒镇7个苏木；鄂温克旗分为辉苏木、阿尔山诺尔苏木、锡尼河西苏木、锡尼河东苏木、巴彦塔拉达斡尔民族乡、伊敏苏木、巴彦托海镇、巴彦嵯岗苏木、大雁矿、孟根楚鲁苏木10个苏木。

本研究使用的遥感数据来自 NASA（http：//ladsweb. nascom. nasa. gov/）的 MOD13Q1 数据，时间分辨率为 16d，空间分辨率为 250m，轨道号为 H25V03，H25V04，H26V04，每年23景，时间长度为2001—2018年，共计1 242景影像。通过使用 NASA 提供的专门软件 MODIS Reprojection Tools（MRT）将全部下载的 HDF 格式数据转换为 Tiff 格式，同时将 SIN 投影转换为 WGS84/Albers Equal Area Conic 投影，全部数据使用双线性（Bilinear）重采样方法进行重采样同时完成图像的空间拼接。因呼伦贝尔草原是中国纬度最高的沙地，冬季降雪较多，由于积雪的存在冬季的 NDVI 不能正常反映实际 NDVI 的情况，所以若使用年均 NDVI 分析植被的年际变化无法准确反应 NDVI 年际变化情况，因此采用最大合成法得到月数据，进而得到年最大 NDVI 数据。最大合成法也可进一步消除太阳高度角、大气和云等引起的噪声（Baeza et al.，2020）。最后采用研究区矢量图进行裁剪得到研究区时间序列 NDVI 图。接着在 Matlab 软件中进行时间信息熵和时间序列信息熵的计算。利用计算出来的时间信息熵和时间序列信息熵，按照判断标准（下节数据分析方法中详述），在 ENVI 软件的 band math 板块中计算植被覆盖度变化。

研究中所用气候数据来自中国气象数据共享网（http：//www. nmic. cn/），选取新巴尔虎左旗、新巴尔虎右旗、陈巴尔虎旗、鄂温克旗、海拉尔区和满洲里市的2001—2018 年月平均温度和月降水量数据，并进一步得到年均降水量和年均温度数据，同时借助 R 语言 SPEI 包 Thornthwaite 算法，利用月降水量数据和月平均温度数据计算标准化降水蒸散指数（Standard precipitation evapotranspiration index，SPEI）。最后在 ArcGIS 软件中对年均温度、年均降水量和 SPEI 等气候数据进行反距离权重（Inverse Distance Weighted，IDW）空间差值（Lu et al.，2008；Chen et al.，2012），得到与 NDVI 数据投影相同和空间分辨率相同的栅格图像。

牲畜头数数据来自内蒙古自治区统计局官网，分别是海拉尔区、满洲里市、鄂温克旗、陈巴尔虎旗、新巴尔虎左旗和新巴尔虎右旗 6 个旗（市、区）的 2001—2018 年年末牲畜存栏头数，换算成标准羊单位。计算每个旗（市、区）单位草场面积上的牲畜头数表征放牧压力指数（计算中去除新巴尔虎左旗和新巴尔虎右旗境内呼伦湖的面积）。之后，运用 ArcGIS 软件对放牧压力指数进行反距离权重（Inverse Distance Weighted，IDW）空间差值，得到与 NDVI 数据投影相同和空间分辨率相同的栅格图像。

得到的插值图按研究区边界进行裁剪，数据重采样为 250m 的空间分辨率，投影转换之后形成 2000—2018 年呼伦贝尔草原年均降水量、年均温度、SPEI 和放牧压力等参数的时空序列数据集，采用的投影方式为 Albers Conical Equal Area，中央经线为 105°，大地基准面为 WGS84。在 IDRISI 18.3 软件中建立时间序列年均降水量、年均温度、SPEI 和放牧压力的栅格数据组，在 Earth Trends Modeler 模块下进行 Linear modeling 分析并得到年均降水量、年均温度与 NDVI 的偏相关系数、SPEI 和放牧压力与 NDVI 的相关系数。

2.2.2 基于样带的试验设计及数据获取

2.2.2.1 植物数据获取

据 Zhu et al.（2019）的研究结果可知，由于气候因子影响，大兴安岭以西呼伦贝尔草原地区沿经度梯度分布多种植被类型，因此本研究按经度梯度设置 4 条东西方向样带，以得到全面、客观的植被分布信息。

2017 年 7 月开始，为全面调查呼伦贝尔草原植被覆盖度情况，沿着降水梯度设置了 4 条东西走向的样带。第一条样带东从新巴尔虎左旗巴尔图嘎查到新巴尔虎右旗贝尔苏木以西中蒙边境线设置一条近似 200km 的样带，因此命名为中蒙边界样带；第二条样带从海拉尔西山开始，西至满洲里扎赉诺尔，沿海拉尔河南岸设置了一条 150km 左右的样带，命名为海拉尔河南岸样带；纳吉-黑山头样带东从纳吉村西至八大关渔场设置了一条约 180km 的调查样带，此 3 条样带上均是约每 2km 设置一个样地，分别设置了 94 个、58 个和 65 个样地。伊敏-呼伦湖样带从东部伊敏镇至新巴尔虎右旗最西端的敖包乌拉，与其他 3 条样带不同，此样带较长，所以每 5km 设置一个样地，共设置 113 个天然草本植物群落样地。四条样带共设置 330 个样地，每个样地设置 3 个 1m×1m 草本样方（样方间距离大于 1m），共 990 个草本样方，目的在于用大量小的样方尽可能多的表达呼伦贝尔草原植被信息，排除短距离内的空间异质性（王明君等，2007）。记录每个草本样方内的植物物种、盖度、高度、株丛数及样方的总盖度，并分类齐地面剪装信封带回实验室 80℃下烘至恒重，获取地上生物量。采用手持 GPS 获取样地的经纬度等信息。

2.2.2.2 土壤样品采集与理化性质分析

每个 1m×1m 样方中对角线取 3 个土壤样品，土层分为 0~10cm、10~20cm、20~40cm，野外进行混合，带回室内风干，过 2mm 筛子，一部分进行物理分析，另一部分继续研磨过 100 目筛子进行化学指标分析。测定土壤项目有：0~10cm、10~20cm、20~40cm 土层全氮、全磷、有机质、黏粒、粉粒、砂粒以及 0~10cm 土层酸碱度，土壤含水量以及土壤容重等 21 个。全氮采用凯氏定氮法，全磷采用酸溶-钼锑抗比色法测定，pH 值采用土：水=1：5 的混合液进行测定，有机质用重铬酸钾氧化外加热法测定，土壤含水量采用烘干法测定，环刀法测定土壤容重（宋创业等，2007；王兴等，2016；马全林等，2019）。使用 EyeTech 激光粒度粒形分析仪测定土壤粒径，并且依据美国 USDA 系统分为黏粒（<2μm）、粉粒（2~50μm）和砂粒（50~2 000μm）（Minasny et al.，2001）。

高程数据来自地理空间数据云（http：//www.gscloud.cn/），分辨率为 30m，在 ENVI 5.1 进行拼接，并在 ArcGIS 软件中按研究区边界裁剪，得到研究区的高程数据，并进一步提取坡度和坡向信息。分析中坡向数据是以朝北为起点（即为 0°），顺时针旋转的角度表示，采取每 45°为一个划分等级的方法，以数字表示各等级：1 表示北坡（337.5°~22.5°），2 表示东北坡（22.5°~67.5°），3 表示西北坡（292.5°~337.5°），4 表示东坡（67.5°~112.5°），5 表示西坡（247.5°~292.5°），6 表示东南坡（112.5°~157.5°），7 表示西南坡（202.5°~247.5°），8 表示南坡（157.5°~202.5°），数字越大表示越向阳、越干热。

分析环境因子（表 2-1）对样带尺度上植被分布格局的影响时，提取第 1 章所用的驱动因子空间差值图中每个样点的气候因子数据和放牧压力指数，包括 2017 年>10℃的积温、2017 年 SPEI 指数、2017 年放牧压力指数。因呼伦贝尔地区 8 月开始进行刈割活动，因此降水量取 2016 年 9 月到 2017 年 8 月的累计降水量。上述分析在 ArcGIS 软件的 Spatial analysis 板块中进行。

表 2-1　全部环境因子及其缩写

影响因子	缩写	影响因子	缩写
0~10cm 土层全氮	TN1	0~10cm 土层黏粒	CLAY1
10~20cm 土层全氮	TN2	0~10cm 土层粉粒	SILT1
20~40cm 土层全氮	TN3	0~10cm 土层砂粒	SAND1
0~10cm 土层全磷	TP1	10~20cm 土层黏粒	CLAY2
10~20cm 土层全磷	TP2	10~20cm 土层粉粒	SILT2
20~40cm 土层全磷	TP3	10~20cm 土层砂粒	SAND2
0~10cm 土层有机质	ORG1	20~40cm 土层黏粒	CLAY3
10~20cm 土层有机质	ORG2	20~40cm 土层粉粒	SILT3
20~40cm 土层有机质	ORG3	20~40cm 土层砂粒	SAND3
土层酸碱度	pH 值	海拔	DEM
土壤含水量	SWC	坡度	SLOPE
土壤容重	BD	坡向	ASPECT
累计降水量	PRE	放牧压力	GRAZING
>10℃积温	TEMP		

2.2.3 基于饮水点的（光裸圈）试验设计及数据获取

呼伦贝尔草原内分布有多个水泡，分散分布于整个草原内，因为这些大大小小的水源的存在，牧场的"光裸圈"效应受到影响而使"光裸圈"内植物与土壤的空间分布格局不甚明显。同时，不同的地貌环境也会对"光裸圈"的植被和土壤产生影响，从而研究仅选择了新巴尔虎左旗新宝力格苏木敖伦诺尔嘎查境内地势平坦、环境条件相对均匀且牧场中仅有一个饮水点的 5 个类型 5 家典型围栏牧场（牧场信息见表 2-2）进行"光裸圈"研究（Smet and Ward，2006）。纵观呼伦贝尔草原围栏牧场中饮水点所在位置通常如图 2-1 所示，即饮水点位于牧场的近似中心、东边、西边、南边和北边位置（Heshmatti et al.，2002）。根据以往基于干旱区"光裸圈"研究，植被和土壤因子均在离饮水点 100～200m 范围内有变化，超过此范围未能检测到草食动物对土壤参数的影响（Tolsma et al.，1987；BARKER et al.，1990；Turner，1998；Fernandez and Allen，2001；Smet and Ward，2006），此外，绵羊吃草头先移向盛行风方向的，所以牧场中水源点向盛行风方向上的放牧压力较大（Lange，1969；Heshmatti et al.，2002）。所以本研究按饮水点在牧场中所处的位置调查五种围栏牧场：饮水点处于牧场东边、西边、南边、北边和中心（近似中心）。饮水点位于牧场中心点（近似中心点）情况下选择 1 家围栏牧场，使用 GPS 记录牧场边界，以饮水点为中心按离饮水点 0m、20m、50m、100m 和 200m 向外布设 5 个同心圆（Thrash，2000；徐文轩等，2016），以正北 0°开始，以 45°夹角布设 8 条样线，每段设定距离结点上布设平行的 3 个 50cm×50cm 样方，共设置 120 个样方。饮水点位于东边、西边、南边和北边位置情况下分别选择 1 家共 4 家围栏牧场，使用 GPS 记录牧场边界，以饮水点为中心向外布设半圆形样地，以 22.5°布设 8 条样线，同样按离饮水点 0m、20m、50m、100m 和 200m 布设距离，5 家围栏牧场共设置 600 个 50cm×50cm 样方（彩图 1）。

调查每个草本样方内出现的物种及其高度、盖度、株丛数，并记录样方所处的经纬度。收割法测定地上生物量，齐地面剪取地上部分，然后分种计数并装袋带回实验室 80℃恒温烘干称重；地下生物量通过挖掘法采集，每个样方内沿对角线设置 3 个取样点，使用直径 10cm 的根钻取根，深度为 30cm。去除植株和根系上黏附的土壤，在烘箱内烘至恒重（80℃），称其干质量。土壤样品测定法见基于样带研究的土壤养分测定法。

表 2-2　围栏牧场信息

饮水点位于牧场位置	饮水点位置		牧场形状	牧场面积	牲畜头数（标准羊单位）
	经度	纬度			
东边	118°44′06.08″	48°41′13.71″	长方形	800 亩	160 只
西边	118°44′19.05″	48°41′35.13″	长方形	1 500 亩	800 只
南边	118°43′37.08″	48°41′18.24″	长方形	1 500 亩	725 只
北边	118°38′24.93″	48°35′23.34″	三角形	2 000 亩	850 只
中心	118°41′25.63″	48°34′25.18″	长方形	4 500 亩	570 只

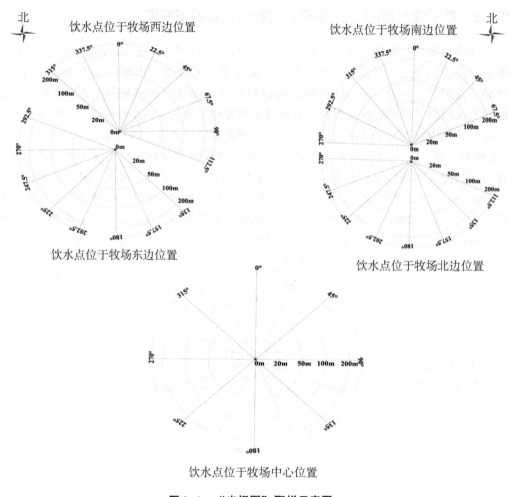

图 2-1 "光裸圈" 取样示意图

2.3 数据分析方法

2.3.1 基于区域尺度的数据分析

2.3.1.1 时间信息熵及时间序列信息熵算法

信息熵是在离散型随机变量基础上发展起来的算法。计算公式如下。

$$H(X) = -\sum_{i=1}^{n} p(x_i) \log_2 p(x_i) \qquad (2-1)$$

式中，X 取值后为 x_i，$P(x_i)$ 为 x_i 的概率。

对上述公式取以微分熵获得连续型的随机变量，公式如下。

$$H(X) = - \int f(x) \log_2 f(x) \, dx \qquad (2-2)$$

式中，$f(x)$ 为概率分布函数，是确定信息熵的最关键因子。由于其获取的难度，Vasicek 等（Vasicek, 1976）提出了不需要求得 $f(x)$ 情况下直接基于观测值的估计值。可将公式（2-2）表示如下。

$$H(X) = - \int f(x) \log_2 f(x) \, dx = - \int_0^1 \log_2 \left\{ \frac{d}{dp} F^{-1}(p) \right\} dp \qquad (2-3)$$

式中，使用 x_i 处的斜率值来近似的表达 $F^{-1}(p)$ 的微分，公式如下。

$$h_i(m, n) = \frac{y_{i+m} - y_{i-m}}{\frac{2m}{n}} \qquad (2-4)$$

式中，同样是 x_1，x_2，x_3，$\cdots$，x_n 按照从大到小的顺序取值得到 y_1，y_2，y_3，$\cdots$，y_n。式中 m 为正整数，且取值范围为 $0 < m \leqslant n/2$。将公式（2-4）代入（2-3）中，得到的信息熵表达式如下。

$$H(m, n) = \frac{1}{n} \sum_{i=1}^{n} \log_2 \frac{y_{i+m} - y_{i-m}}{\frac{2m}{n}} \qquad (2-5)$$

Ebrahimi 等改进了上述算法，得到如下公式。

$$H_c(m, n) = \frac{1}{n} \sum_{i=1}^{n} \log_2 \frac{y_{i+m} - y_{i-m}}{c_i \times m/n} \qquad (2-6)$$

式中，$c_i = \begin{cases} 1+i-1/m, & 1 \leqslant i \leqslant m \\ 2, & m+1 \leqslant i \leqslant n-m \\ 1+n-i/m, & n-m+1 \leqslant i \leqslant n \end{cases}$; $\begin{cases} y_{i-m} = y_1, & i \leqslant m \\ Y_{i+m} = y_n, & i \geqslant n-m \end{cases}$

式中，同样是 x_1，x_2，x_3，$\cdots$，x_n 按照从大到小的顺序取值得到 y_1，y_2，y_3，$\cdots$，y_n。式中，m 为正整数，且取值范围为 $0 < m \leqslant n/2$。

有研究（王超军等，2017；Wang et al., 2019）在公式（2-6）的基础上考虑遥感数据的特点，进行了改进，提出了表征变化强度的时间信息熵和表征变化趋势的时间信息熵。时间信息熵的公式如下。

$$H_t = \frac{1}{n} \sum_{i=1}^{n} \log_2 \left(\frac{y_{i+m} - y_{i-m}}{c_i \times m \times \Delta/n} \right) \qquad (2-7)$$

式中，$c_i = \begin{cases} 1+i-1/m, & 1 \leqslant i \leqslant m \\ 2, & m+1 \leqslant i \leqslant n-m \\ 1+n-i/m, & n-m+1 \leqslant i \leqslant n \end{cases}$; $\begin{cases} Y_{i-m} = y_1, & i \leqslant m \\ Y_{i+m} = y_n, & i \geqslant n-m \end{cases}$

式中，x_1，x_2，x_3，$\cdots$，x_n 按照从大到小的顺序取值得到 y_1，y_2，y_3，$\cdots$，y_n。因为考虑到本书使用的遥感数据为 NDVI 数据，所以 x_i 表示第 i 年的 NDVI 值。式中，m 是"时间频率"因子，不同的 m 值反映研究目标在不同时间尺度上的变化特征。本书以年最大 NDVI 表征呼伦贝尔草原植被覆盖变化，以年为时间尺度，因此 m 取值 1；Δ 为"缩放系数"，对不同的数据源进行标准化处理，使不同数据源计算出的时间信息熵结果具有可比性。以 MODIS 数据为例，Δ 是 NDVI 时间序列基础变化单位并取值 0.000 1，Δ 对于熵的精确估算没有影响，只是为了时间信息熵 H_t 取正值。

时间信息熵可以反映研究段内植被覆盖度的变化强度，时间信息熵的值越大变化强度越大，反之变化强度越小。时间信息熵能表征植被覆盖度的变化强度但不能反映变化趋势，为此发展出了时间序列信息熵来反映植被覆盖度在研究时段内的变化趋势。计算公式如下。

$$H' = \frac{1}{n}\mathrm{sgn}(x_{i+m} - x_{i-m})\sum_{i=1}^{n}\log_2\left(\frac{|x_{i+m} - x_{i-m}|}{c_i \times m \times \Delta/n}\right) \tag{2-8}$$

式中，x_i 为第 i 年的 NDVI 值；sgn 是符号函数，sgn（θ）= 1（$\theta > 0$ 时）；0（$\theta = 0$ 时）；−1（$\theta < 0$ 时）。H' 表示研究段内植被覆盖度呈增加趋势，反之呈减少趋势。H' 绝对值越大，表示趋势越明显。对计算得到的时间信息熵和时间序列信息熵直方图进行自然断点法来确定变化阈值并结合实际情况对阈值进行微调以得到准确的阈值。确定呼伦贝尔草原时间信息熵变化阈值为 C = 17.44；时间序列信息熵判定增加趋势是否严重的阈值为 I = 10.33，判断减少程度是否显著的阈值为 D = −10.38。

结合时间信息熵和时间序列信息熵的结果，按下列条件在 ENVI 软件 BANDMATH 模块下进行呼伦贝尔草原植被覆盖度变化等级运算。运算条件如下。

$H_t \leqslant$ C   基本不变；

$H_t >$ C，0 $< H' \leqslant$ I   增加；

$H_t >$ C，$H' >$ I   明显增加；

$H_t >$ C，0 $> H' \geqslant$ D   减少；

$H_t >$ C，$H' <$ D   严重减少。

2.3.1.2 计算 SPEI 干旱指数

干旱是最严重的气象灾害之一，具有出现频率高、波及范围大等特点，从而引起社会和科学界的关注。降水和蒸发量是影响气候干湿变化的两个最主要因子，标准化降水蒸散指数（SPEI）综合考虑了降水和蒸发量变化，且具有多时间尺度特征，能够合理地评估不同时间尺度干湿变化，因此广泛运用于不同尺度干旱分布与变化趋势分析（赵新来等，2017；杨思遥等，2018；郭燕云等，2019）。

潜在蒸散发量（PET）是计算 SPEI 干旱指数的最关键参数。因 Thornthwaite 方法计算 PET 时所需变量少且计算方法简单易行，因此本书利用此方法计算 PET。计算公式如下。

$$PET = \begin{cases} 0 & T < 0 \\ 16\left(\dfrac{N}{12}\right)\left(\dfrac{NDM}{30}\right)\left(\dfrac{10T}{I}\right)^m & 0 < T < 26.5 \\ -415.85 + 32.24T - 0.43T^2 & T \geqslant 26.5 \end{cases} \tag{2-9}$$

式中，T 为逐月平均温度，N 为最大日照时数，NDM 为逐月的日数，I 为年热量指数，由每年 12 个月的月热量指数求和得到。年热量计算公式如下。

$$I = \sum_{i=1}^{12} \left(\frac{T}{5} \right)^{1.514} \qquad T>0 \qquad (2\text{-}10)$$

m 是与 I 有关的系数，利用公式（2-11）得到如下。

$$m = 6.75 \times 10^{-7} I^3 - 7.71 \times 10^{-5} I^2 + 1.79 \times 10^{-2} I + 0.492 \qquad (2\text{-}11)$$

据姚俊强等，SPEI 计算分四步进行，具体如下。

（1）计算气候水平衡量

$$D_i = P_i - PET_i \qquad (2\text{-}12)$$

式中，气候平衡水 D_i 为降水量 P_i 和潜在蒸散发量 PET_i ［据公式（2-9）和公式（2-10）所得］之差。

（2）建立不同时间尺度的气候水平衡累计序列

$$D_{n_i}^k = \sum_{i=0}^{k=1} (P_{n-i} - PET_{n-i}), \quad n \geq k \qquad (2\text{-}13)$$

式中，k 为时间尺度，一般取月尺度，n 为计算次数。

（3）采用 log-logistic 概率密度函数拟合建立数据序列

$$f_{(x)} = \frac{\beta}{\alpha} \left(\frac{\chi - \gamma}{\alpha} \right)^{\beta-1} \left[1 + \left(\frac{\chi - \gamma}{\alpha} \right)^{\beta} \right]^{-2} \qquad (2\text{-}14)$$

式中，α 为尺度参数，β 为形状系数，γ 为起始参数，可通过 L-矩参数估计算法求得。因此，给定时间尺度的累积概率如下。

$$F_{(x)} = \left[1 + \left(\frac{\alpha}{x - \gamma} \right)^{\beta} \right]^{-1} \qquad (2\text{-}15)$$

（4）对累积概率密度进行标准正态分布转换，获取响应的 SPEI 时间变化序列

$$SPEI = W - \frac{C_0 + C_1 W + C_2 W^2}{1 + d_1 w + d_2 w^2 + d_3 w^{3'}} \qquad (2\text{-}16)$$

式中，W 是参数，其值为 $\sqrt{-2\ln(P)}$。P 是超过确定水分盈亏的概率，当 $P \leq 0.5$ 时，$P = 1 - F_{(x)}$；当 $P > 0.5$ 时，$P = 1 - P$，SPEI 的符号被逆转。上述式中其他常数项 $C_0 = 2.515\ 517$、$C_1 = 0.802\ 853$、$C_2 = 0.103\ 28$、$d_1 = 1.432\ 788$、$d_2 = 0.189\ 269$ 和 $d_3 = 0.001\ 308$。

根据《气象干旱等级》（GB/T 20481—2017）将 SPEI 分为 8 个等级，如表 2-3 所示。

表 2-3　SPEI 干旱等级划分

指标	极端干旱	中等干旱	轻度干旱	正常	轻度湿润	中等湿润	极端湿润
SPEI 值	≤-2.0	-2.0~-1.0	-1.0~-0.5	-0.5~0.5	0.5~1.0	1.0~2.0	≥2.0

2.3.1.3　植被覆盖度与影响因子相关性

计算相关系数再计算偏相关系数。NDVI 与年均温度、年均降水量、SPEI 以及放牧压力间的相关系数利用以下公式计算（王青霞等，2014；刘宪锋等，2015）

$$R_{xy} = \frac{\sum_{i=1}^{n}\left[(x_i - \bar{x})(y_i - \bar{y})\right]}{\sqrt{\sum_{i=1}^{n}(x_i - \bar{x})^2 \sum_{i=1}^{n}(y_i - \bar{y})^2}} \qquad (2-17)$$

式中，R_{xy}为 NDVI 与降水、温度、SPEI 或放牧压力间的相关系数，x_i为第 i 年的 NDVI，y_i为第 i 年的年均降水、年均温度及放牧压力，$\bar{x}$为多年 NDVI 的平均值，$\bar{y}$为多年降水或者温度的平均值，n为样本数。接着采用偏相关分析法，对温度和降水两个最主要的气候因子进行偏相关分析，控制其中的一个因子，分析 NDVI 与另一个因子之间的相关性。公式如下。

$$R_{123} = \frac{R_{12} - R_{13}R_{23}}{\sqrt{(1 - R_{13}^2)(1 - R_{23}^2)}} \qquad (2-18)$$

式中，R_{123}为固定变量 3 后变量 1 和 2 之间的偏相关系数，R_{12}、R_{13}、R_{23}分别表示变量 1 与 2 之间，1 与 3 之间，2 与 3 之间的相关系数。

按照 0.2 的间隔将相关系数绝对值分为，0~0.2 为极弱相关；0.2~0.4 为弱相关；0.4~0.6 为中等相关；大于 0.6 为强相关（李斌，2016），符号为正即正相关，符号为负即呈负相关性。

2.3.2 基于样带的数据分析

计算样方内草本植物的重要值，计算公式如下。

重要值（Important Value，IV）＝（相对盖度+相对高度+相对生物量）/3

根据调查数据建立样地与草本植物重要值的植被矩阵与样地和土壤因子的环境属性矩阵。对中蒙边界样带 94 个、伊敏—呼伦湖样带 113 个、海拉尔河南岸样带 58 个和纳吉—黑山头样带 65 个样地进行 Ward 系统分类。对于聚类分析最关键的步骤是决定最适宜的聚类数以更好地反映组内同质性与组间差异更大（Digby and Kempton，2012）。本文运用轮廓宽度–最优聚类簇数方法来确定每条样带最优聚类数，轮廓宽度值越大，对象聚类越好，负值意味着该对象有可能被错分到当前聚类簇内（赖江山，2014）。然后对每个群落进行指示种分析以揭示群落生境特征并对其进行命名（封建民等，2004），本研究选取指示值为 33 以上并达到显著水平（$P<0.05$）的物种作为指示种。

采用 NMDS 排序的方法对呼伦贝尔草原各样地进行分析，以确定主要的物种组成梯度及其潜在的环境影响因子（Ruokolainen et al.，2006）。NMDS 是一种能在多维空间中展现相似矩阵并维持原有项目之间关系等级的非参数排序技术（Legendre et al.，1983）。因其充分抽取了植被在样地内非线性聚集分布的信息并给出较为稳健的植被关系图（Clarke，1993；王合玲等，2013）而被广泛应用于水域（Kong et al.，2016）、湿地（Ma et al.，2011；王合玲等，2012）、森林（徐远杰等，2017；Droissa et al.，2018）和荒漠（龚雪伟等，2017）等植物群落的研究中。在本研究中我们首先建立了物种重要值与样地号的二维表（Salako et al.，2013），对原始数据进行对数转换，并基于 Bray-Curtis 相似性矩阵对样地进行 NMDS 排序，分析结果的拟合度采用胁强系数

（Stress）来衡量，Stress<0.05，表明拟合极好；Stress<0.1，表明拟合较好；Stress<0.2，表明拟合可接受；Stress>0.2，表明拟合较差，解释力较弱（Clarke，1993）。采用非参数相似性分析（ANOSIM，Analysis of Similarities）对 NMDS 排序结果进行显著性检验。ANOSIM 是一种基于 Bray-Curtis 相似性矩阵的显著性检验方法，与 MANOVA（Multivariate Analysis of Variance）相比具有不假设每个群体内部的持续分散的前提下即能发现群体之间差异的优点，从而被广泛应用于生态学研究中（Clarke，1993；Anderson et al.，2013），ANOSIM 的结果产生一个测量组间距离的 R 值，当 R 值接近于 1 时表明两个群落是高度相异，而 R 值接近于 0 时则表明两者高度相似，很难区分（Clarke，1993）。同时采用相似性百分比分析（SIMPER，Similarity Percentages Analysis）来进一步确定群落间平均相异性。

基于分类排序结果，我们对不同群落类型的物种多样性进行了典型分析。本研究分别对 4 条样带各群落多样性进行 Rényi 多样性计算，计算公式如下（Rényi，1961）。

$$H_a = \frac{\ln(\sum p_i^a)}{1-a} \tag{2-19}$$

式中，H_a 为 Rényi 多样性指数；P_i 为样地中每个物种占物种总数的百分率（%）。α 为尺度参数，其取值不同，意义不同：$\alpha = 0$ 时，H_a 代表物种丰富度指数（$H_0 = \ln(S)$），此时该指数对群落中稀有种敏感；$\alpha = 1$ 时，H_a 代表 Shannon 多样性指数（$H_1 = H = -\sum P_i \log P_i$），此时该指数对群落中稀有种敏感但敏感程度不及 $\alpha = 0$ 时；$\alpha = 2$ 时，H_a 代表 Simpson 多样性指数 [$H_2 = \ln(D^{-1}) = \ln\sum(P_i^2)^{-1}$]，此时该指数对群落中常见种敏感；$\alpha = \infty$ 时，H_a 代表 Berger-Parker 多样性指数 [$H_\infty = \ln(d^{-1}) = \ln(P_{max}^{-1})$]，此时该指数对群落中优势种敏感（Kindt et al.，2006；郭建英等，2009）。通过检查 α 尺度参数等于 0，1，2 和 ∞ 时的值可得出相应的丰富度指数、Shannon 指数、Simpson 指数和 Berger-Parker 指数的值。Rényi 多样性排序图上某一群落在任一 α 值处的值均高于另一群落，则可视为该群落多样性高于另一群落（Tóthmérész，1995）。

最后建立每个样带物种重要值与环境因子和样地号和环境因子二维表进行群落分布与环境因子关系排序，在 R-Vegan 里面，可以用 DCA 分析判断是选择线性模型（PCA 和 RDA）还是单峰模型（CA 和 CCA）的排序方法。本研究中 4 条样带的 Axis length 最大值均在 3~4，线性模型和单峰模型都适合，通过尝试最终选择单峰模型。通过样地与环境因子 CCA 分析逐渐筛选出对物种分布格局具有显著影响的环境因子。在 CCA 排序结果中，箭头一般用于表示环境因子，其连线长度表示某个环境因子与样地分布或物种分布相关性大小，长度越长，说明相关程度越大，反之则越小。排序轴与箭头连线的夹角表示某个环境因子与排序轴的相关性大小，其夹角越小，相关程度越高，反之则越低。最终筛选出的指标与 CCA 排序第 1 和 2 轴的得分做 Pearson 相关分析，得出相关系数及其显著性。

研究中最优聚类簇数确定、Ward 聚类、NMDS、CCA 以及用于群落多样性分析的 Rényi 多样性曲线均用 R 语言分析；ANOSIM 和 SIMPER 分析采用 PRIMER7.0 软件完成（Clarke et al.，2015）；指示种分析采用 PC-ORD5 软件；各群落间的群落特征差异性采用 SPSS20.0 Tukey HSD 检验。

2.3.3 基于饮水点的数据分析

2.3.3.1 多样性计算

重要值（P_i）计算公式如下。

$$P_i = （相对盖度+相对高度+相对生物量）/3 \tag{2-20}$$

$$相对盖度=某物种的盖度/全部物种的总盖度 \tag{2-21}$$

$$相对高度=某物种的高度/全部物种的总高度 \tag{2-22}$$

$$相对生物量=某物种的生物量/全部物种的总生物量 \tag{2-23}$$

丰富度指数计算公式如下。

$$R = S \tag{2-24}$$

式中，S 为样方中所有物种数。

Shannon-wiener 多样性指数（H'）计算公式如下。

$$H' = - \sum_{i=1}^{s} P_i \ln(P_i) \tag{2-25}$$

式中，P_i 为，某物种的重要值。

Pielou 均匀度指数计算公式如下。

$$E = \frac{H'}{\ln(S)} \tag{2-26}$$

式中，H' 为 Shannon-wiener 多样性指数，S 为物种数。

2.3.3.2 统计分析

采用 SPSS22.0 对不同距离和不同取样方向植物和土壤参数进行统计分析。用双因子方差分析来确定距离和方向对于植物和土壤特征平均值是否存在显著影响。采用 Tukey's HSD 进行采样距离和采样方向上群落特征均值多重比较，差异显著性为 $P<0.05$ 水平上。双因子方差分析采用 R 语言 multcomp 包进行分析。最后采用 R 语言 Vegan 包进行直接和间接梯度分析，为了决定是否使用基于线性或单峰方法的梯度分析，首先进行去趋势对应分析（DCA）来评估梯度长度。最终采用 RDA 来评估物种分布变化，分析中取样距离和取样方向进行平方根变换，对于土壤数据进行对数变换（Shahriary et al.，2012）。基于取样距离作为分类依据在 PC-ORD5 软件中进行指示种分析，选取指示值大于 25，同时达到显著水平的物种作为指示种显示于 RDA 排序图中。

3 基于区域尺度的呼伦贝尔草原植被特征变化及其影响因子分析

3.1 呼伦贝尔草原时间信息熵与时间序列信息熵的变化

本研究应用基于 NDVI 的时间信息熵研究呼伦贝尔草原植被变化强度。研究结果显示陈巴尔虎旗大部分区域、鄂温克旗西部区域、新巴尔虎左旗南部及新巴尔虎右旗西部及北边小部分区域变化强度较大，其余区域变化强度较小。

从旗（市、区）尺度而言，海拉尔区、满洲里市、鄂温克旗、陈巴尔虎旗、新巴尔虎左旗及新巴尔虎右旗的平均时间信息熵分别为 17.97、18.04、17.55、18.17、17.76 和 16.57，陈巴尔虎旗变化强度最大，新巴尔虎右旗强度最低（图 3-1）。从苏木尺度来说，巴彦哈达镇、巴彦塔拉达斡尔民族乡、罕达盖苏木和阿尔山诺尔苏木的 H_t 值为 18.54，18.51，18.30 和 18.30，是前四个 H_t 最高的苏木，其余 28 个苏木也具有较高的 H_t 值，受外界影响较大。相比较而言，吉布胡郎图苏木和贝尔苏木的值低于发生变化的阈值，表明受外界干扰较轻，状况较稳定（图 3-1）。

时间序列信息熵是表征研究区域植被覆盖度变化趋势的指标。从图 3-1 中可知，陈巴尔虎旗大部分区域、鄂温克旗西部、北部以及新巴尔虎右旗西北部区域呈现植被覆盖度增加趋势，新巴尔虎右旗南部、新巴尔虎左旗甘珠尔苏木大部分地区和乌布尔宝力格苏木东南部和鄂温克旗东南部植被覆盖度呈减少趋势。

3.2 呼伦贝尔草原植被覆盖度变化

本研究利用时间信息熵和时间序列信息熵计算的 2001—2018 年呼伦贝尔草原植被覆盖度变化等级。表现为增加趋势的几个区域分别为西北部小区域、北部大部分区域和中部部分区域，而西南部大部分区域表现出不同程度的退化。总体上表现为植被增加面积大于植被退化面积，分别为 38.86% 和 22.90%，基本不变区域则是 38.24%。

图 3-2 为每个旗（市、区）各个苏木的植被变化等级统计。不同苏木的植被变化具有不一样的表现。海拉尔区和满洲里市植被主要以基本不变和增加为主，而减少的面积只占 15%~18%。鄂温克旗阿尔山诺尔苏木、巴彦嵯岗镇、巴彦塔拉达斡尔民族乡、巴彦托海镇、大雁矿区、锡尼河西苏木和辉苏木主要以增加面积为主，占

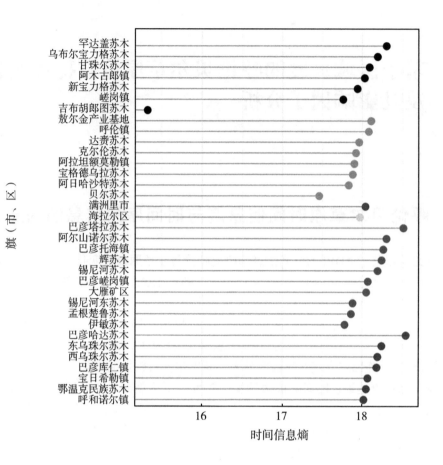

图3-1 各苏木时间信息熵统计分析

总面积的 43.17%～91.33%，其中巴彦塔拉达斡尔民族乡的增加面积占总面积的 91.33%，其中明显增加面积占 52.37%。孟根楚鲁苏木、锡尼河东苏木和伊敏苏木的大部分区域基本没有发生变化。陈巴尔虎旗各苏木植被覆盖度均增加，增加范围为 51.65%～87.09%，而减少范围只有 5.03%～14.48%。新巴尔虎左旗各苏木植被覆盖度变化差异较大，其中罕达盖苏木和乌布尔宝力格苏木植被覆盖度增加面积较少，而不变的面积大，分别占总面积的 55.44% 和 39.99%；阿木古郎镇（40.53%）和甘珠尔苏木（50.67%）的植被覆盖度减少面积较大，退化严重。嵯岗镇和吉布胡郎图苏木植被较多的保持原有水平，变化较小，无变化面积均占总面积的 50%，剩余 50% 有变化的面积中嵯岗镇的（26.91%）植被覆盖度增加面积较退化面积大，吉布胡郎图苏木则具相反变化。新巴尔虎右南部的贝尔苏木、宝格德乌拉苏木、阿拉坦额莫勒镇、克尔伦苏木和阿日哈沙特镇植被覆盖度均退化严重，退化面积分别占总面积的 56.24%、52.68%、41.04%、36.54% 和 39.77%；而北部的达赖苏木、呼伦镇和敖尔金产业基地的植被改善较明显。

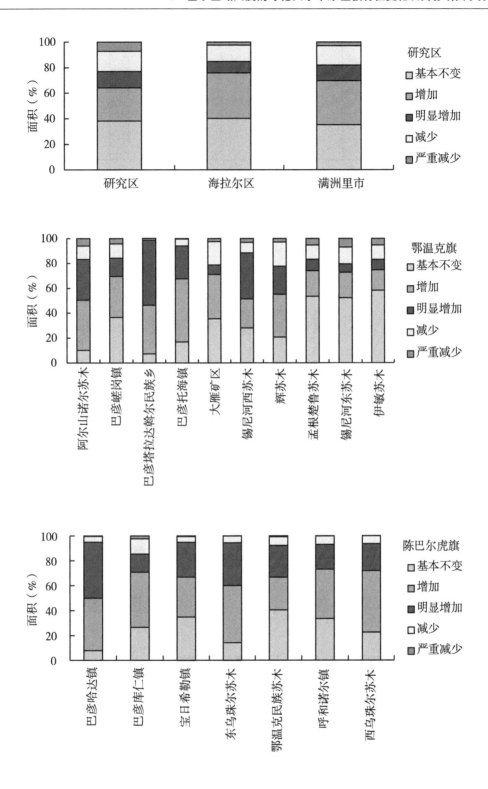

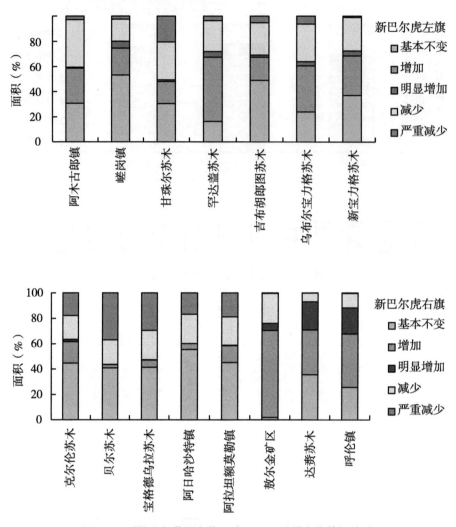

图 3-2　呼伦贝尔草原各旗（市、区）植被变化等级统计

3.3　呼伦贝尔草原各旗（市、区）影响因子变化

3.3.1　呼伦贝尔草原各旗（市、区）气候因子变化

3.3.1.1　呼伦贝尔草原各旗（市、区）降水量变化

图 3-3 为 2001—2018 年呼伦贝尔草原年均降水量变化曲线图。从图 3-3 可知，18 年间海拉尔区、满洲里市、鄂温克旗、陈巴尔虎旗、新巴尔虎左旗、新巴尔虎右旗的年均 降 水 量 分 别 为 275.79mm、198.48mm、259.91mm、246.03mm、229.95mm 和 165.36mm，海拉尔区的降水量最高，鄂温克旗次之，新巴尔虎右旗的年均降水量最低，纵观研究旗（市、区）在研究年限降水量均呈增加趋势，年增加速率为 2.63mm、

3.37mm、4.29mm、2.88mm、5.04mm 和 2.00mm。降水量呈沿经度梯度变化趋势。

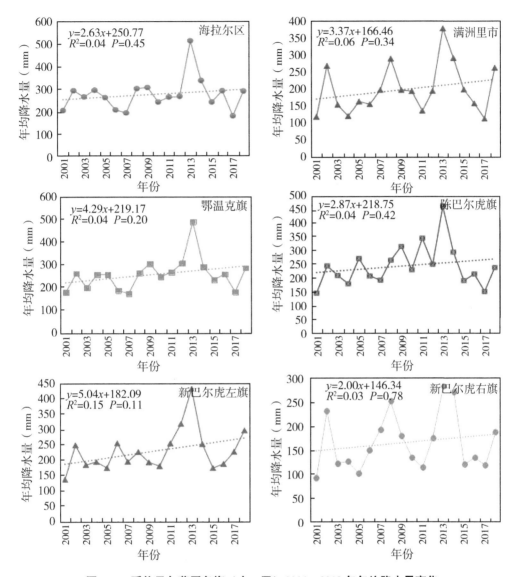

图 3-3　呼伦贝尔草原各旗（市、区）2001—2018 年年均降水量变化

3.3.1.2　呼伦贝尔草原各旗（市、区）温度变化

图 3-4 为各个旗（市、区）的研究期内温度变化曲线图。由图 3-4 可知海拉尔区、满洲里市、新巴尔虎右旗 3 个旗（市、区）温度呈下降趋势（年际变化率为 -0.05℃、-0.07℃和-0.02℃），而鄂温克旗、陈巴尔虎和新巴尔虎左旗温度则呈上升趋势（年际变化率为 0.01℃、0.01℃和0.003℃）。2001—2018 年海拉尔区、满洲里市、鄂温克旗、陈巴尔虎旗、新巴尔虎左旗、新巴尔虎右旗年平均温度为 -0.38℃、-0.13℃、-0.52℃、-0.50℃、0.99℃ 和 1.79℃，新巴尔虎左旗和新巴尔虎右旗的年均温度在零度以上，其中新巴尔虎右旗年均温度最高，达到 1.79℃，鄂温克

旗和陈巴尔虎旗的温度最低。

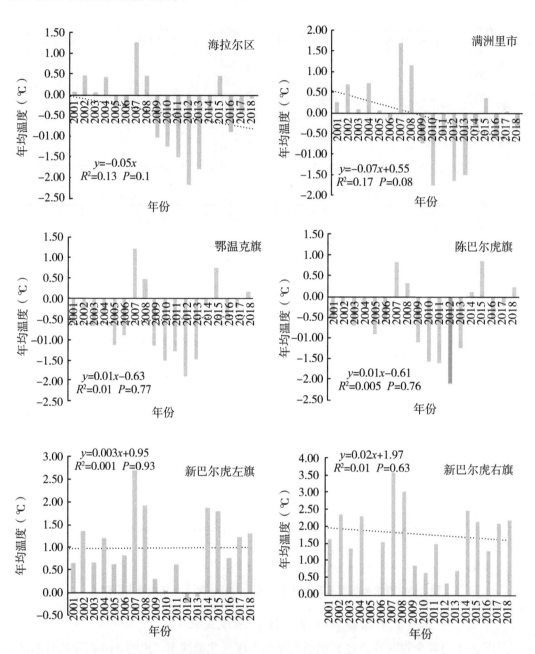

图 3-4 呼伦贝尔草原各旗（市、区）2001—2018 年年均温度变化

3.3.1.3 呼伦贝尔草原各旗（市、区）干旱指数变化

图 3-5 为各个旗（市、区）干旱指数变化曲线图。由图 3-5 可知海拉尔区、满洲里市 2001—2018 年 SPEI 变化呈增加趋势，其中满洲里市的增加达到显著水平（年变化率为 0.06，$P=0.04$），表明干旱程度所有缓解，环境越来越湿润。鄂温克旗和陈巴尔

虎旗干旱指数呈下降趋势，气候越来越干旱，年变化率均为 0.04，但并未达到显著水平。新巴尔虎左旗和新巴尔虎右旗 2001—2018 年的变化趋势不明显。2017 年，海拉尔区、满洲里市和新巴尔虎左旗的 SPEI 分别为 −0.57、−0.53 和 −0.92，属于中等干旱，鄂温克旗、陈巴尔虎旗和新巴尔虎右旗的 SPEI 分别为 −1.02、−1.03 和 −1.05，属于严重干旱程度。

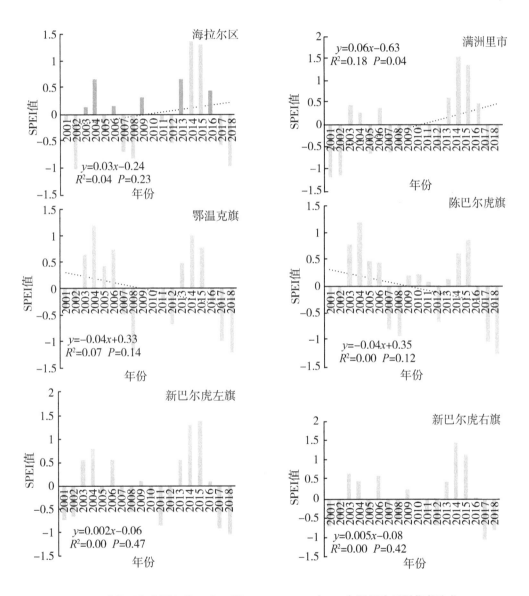

图 3-5　呼伦贝尔草原各旗（市、区）2001—2018 年 12 个月尺度干旱指数变化

3.3.2　呼伦贝尔草原各旗（市、区）放牧压力变化

在干旱、半干旱草原区放牧为最主要的人为活动，牲畜头数的增长所带来的放牧压

力是导致草原生态系统生态环境退化的主要驱动力。如图 3-6 所示，2001—2018 年间，呼伦贝尔草原各旗（市、区）年均放牧压力指数均呈波动式增加趋势，除了满洲里市外，其余 5 个旗区的增加趋势均达到了极显著水平。6 个旗（市、区）中海拉尔区的放牧压力最大，满洲里市其次，新巴尔虎右旗的放牧压力最小。

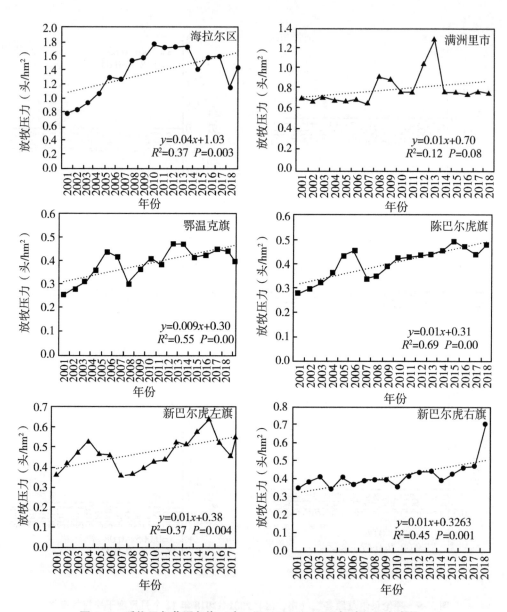

图 3-6 呼伦贝尔草原各旗（市、区）2001—2018 年放牧压力变化

3.4 NDVI 与影响因子空间相关性

3.4.1 NDVI 与气候因子空间相关性

3.4.1.1 NDVI 与降水量空间相关性

研究区大部分地区与年均降水量呈正相关，占整个研究区的 92.10%，其中陈巴尔虎旗、鄂温克旗东南部之外的其余大部分区域以及新巴尔虎左旗东南部区域呈现极强相关。新巴尔虎右旗西部以及新巴尔虎左旗吉布胡郎图苏木之外的其余区域均呈现强相关、中等相关、弱相关以及极弱正相关。而呈负相关的区域散点状分布于整个研究区，占研究区总面积的 7.90%（表 3-1）。

表 3-1 研究区年均降水量与 NDVI 相关程度面积统计 单位:%

相关系数	全部研究区	海拉尔区	满洲里市	鄂温克旗	陈巴尔虎旗	新巴尔虎左旗	新巴尔虎右旗
<-0.6	0.03	0.48	0.28	0.05	0.03	0.02	0.01
-0.6~-0.4	0.41	2.65	2.26	0.72	0.21	0.22	0.30
-0.4~-0.2	1.61	3.06	4.00	2.88	0.50	0.87	1.90
-0.2~0	5.86	4.95	5.95	6.80	1.95	5.28	8.51
0~0.2	22.10	11.27	13.42	14.75	13.90	25.81	31.45
0.2~0.4	41.92	28.29	38.25	32.98	45.25	41.29	47.45
0.4~0.6	24.56	43.93	32.11	34.03	34.77	22.76	10.26
>0.6	3.51	5.38	3.73	7.79	3.40	3.75	0.12

3.4.1.2 NDVI 与温度空间相关性

NDVI 与年均温度呈正相关的区域位于陈巴尔虎旗和鄂温克旗西北部，新巴尔虎左旗东南部和新巴尔虎右旗西南部，占整个研究区的 44.10%，其中呈极弱正相关的面积占总研究区面积的 27.93%；呈负相关的地区位于新巴尔虎右旗和新巴尔虎左旗绝大部分地区和鄂温克旗部分区域以及陈巴尔虎旗西部小部分区域和最东边小部分区域，占整个研究区的 55.90%，其中呈极弱负相关的面积占 37.66%，弱相关的占 16.64%（表 3-2）。

表 3-2 研究区年均温度与 NDVI 相关程度面积统计 单位:%

相关系数	全部研究区	海拉尔区	满洲里市	鄂温克旗	陈巴尔虎旗	新巴尔虎左旗	新巴尔虎右旗
<-0.6	0.02	0.02	0.05	0.02	0.00	0.02	0.03
-0.6~-0.4	1.59	0.37	4.23	1.02	0.14	0.94	3.56

（续表）

相关系数	全部研究区	海拉尔区	满洲里市	鄂温克旗	陈巴尔虎旗	新巴尔虎左旗	新巴尔虎右旗
−0.4~−0.2	16.64	4.83	47.99	10.70	2.28	18.09	30.09
−0.2~0	37.66	26.19	37.49	36.14	14.81	48.87	47.26
0~0.2	27.93	47.34	8.43	36.89	37.38	25.02	16.21
0.2~0.4	13.56	18.41	1.69	13.84	36.53	6.38	2.33
0.4~0.6	2.56	2.74	0.12	1.34	8.71	0.67	0.53
>0.6	0.05	0.10	0.00	0.04	0.15	0.00	0.01

3.4.1.3 NDVI 与干旱指数空间相关性

NDVI 与年均 SPEI 呈极弱负相关的区域位于围绕呼伦湖的部分区域以及陈巴尔虎旗西南部的小部分区域，弱相关的区域位于陈巴尔虎旗东北部小部分区域以及鄂温克旗东部区域。由表 3-3 可知，占总面积 78.79% 的区域干旱指数与 NDVI 呈正相关，其中极弱正相关占 42.48%，位于新巴尔虎左旗和新巴尔虎右旗大部分地区，呈弱相关的面积占 3.84%，位于陈巴尔虎旗和鄂温克旗部分区域。

表 3-3　研究区 SPEI 与 NDVI 相关程度面积统计　　　　单位:%

相关系数	全部研究区	海拉尔区	满洲里市	鄂温克旗	陈巴尔虎旗	新巴尔虎左旗	新巴尔虎右旗
<−0.6	0.06	0.05	0.27	0.18	0.03	0.03	0.02
−0.6~−0.4	0.77	0.59	3.32	2.46	0.46	0.17	0.13
−0.4~−0.2	4.02	3.84	6.26	9.84	3.01	1.38	1.01
−0.2~0	16.35	16.52	12.96	18.80	14.22	14.52	16.54
0~0.2	42.48	37.73	39.61	34.16	39.57	43.21	51.88
0.2~0.4	30.84	36.54	34.29	28.63	35.20	34.17	27.66
0.4~0.6	5.12	4.66	3.18	5.62	6.91	5.97	2.71
>0.6	0.35	0.07	0.11	0.31	0.59	0.55	0.05

3.4.2　NDVI 与放牧压力空间相关性

放牧压力与 NDVI 间相关系数见表 3-4。研究区超过 1/3 的区域植被覆盖度与放牧压力呈极弱正相关，占整个研究区的 39.98%。整个研究区中只有 8.05% 面积的 NDVI 与放牧压力呈负相关关系，散点状分布于鄂温克旗东部和小片状分布于南部，占鄂温克旗总面积的 15.20%，以及新巴尔虎左旗乌布尔宝力格苏木的东南部，占新巴尔虎左旗总面积的 1.25%。

表 3-4　研究区放牧压力与 NDVI 相关程度面积统计　　　　单位：%

相关系数	全部研究区	海拉尔区	满洲里市	鄂温克旗	陈巴尔虎旗	新巴尔虎左旗	新巴尔虎右旗
<-0.6	0.22	0.99	0.55	0.72	0.09	0.08	0.01
-0.6~-0.4	0.52	1.70	2.36	1.40	0.18	0.44	0.07
-0.4~-0.2	2.57	2.55	4.00	4.52	0.46	1.17	0.22
-0.2~0	4.74	5.17	5.21	8.56	1.67	2.12	0.95
0~0.2	39.98	36.11	51.50	33.47	48.18	47.96	34.71
0.2~0.4	26.74	33.65	20.21	29.15	27.60	21.57	36.66
0.4~0.6	15.02	13.20	8.02	13.41	7.47	4.95	10.88
>0.6	10.21	6.63	8.15	8.77	14.35	21.70	16.49

3.5　讨论

3.5.1　基于区域尺度的呼伦贝尔草原植被覆盖度变化

遥感是在大尺度上研究生态系统变化的主要信息来源，因此被应用于各个生态系统变化的监测当中（马启民等，2019；许文鑫等，2019；Brown et al.，2020；Woodcock et al.，2020）。信息熵是表征生态系统的时间演化和动态的指标，高的信息熵表明研究时段内生态系统动态是混乱的，易受外界干扰影响，对于干扰抵抗能力弱（Sun et al.，2017）。本研究通过时间信息熵和时间序列信息熵与遥感数据结合来分析呼伦贝尔草原2001—2018 年的植被覆盖度变化。结果表明呼伦贝尔草原最大信息熵达到 23.07，是水生生态系统的近乎两倍（Wang et al.，2018），说明呼伦贝尔草原对外界干扰敏感，生态系统稳定性较弱。外界环境的微小变化可能会引起草原生态系统的剧烈变化，这与众多研究结果保持一致（Hu et al.，2019；Zhang et al.，2019），骤变和缓慢的外界环境变化均会引起草原生态系统的植被变化，因此保护好这一脆弱的，同时又是千千万万牧民赖以生存的生态环境迫在眉睫。

利用时间信息熵和时间序列信息熵来计算植被覆盖度的变化。结果表明呼伦贝尔草原植被空间上呈从东北向西南逐渐减少，西南部呈减少和严重减少的范围较大，表明退化严重。东部大部分区域植被覆盖度较大，北部地区明显上升，空间差异性较大，究其原因是由东至西逐渐降低的降水分布格局和从南到北逐渐降低的温度变化等水热条件造成的，这与 Sun et al.（2016）对于北方草原和侯勇等（2018）对内蒙古草原植被覆盖度研究所得到的结论相似，均呈东北向西南逐渐减少的趋势。总体上，植被覆盖度增加的面积大于减少面积，从而总体上呈增加趋势，此结果与前人对于内蒙古草原植被覆盖度变化的研究保持一致（陈效逑和王恒，2009；孙艳玲等，2010；缪丽娟等，2014；李强等，2016；邵艳莹等，2018），此外，一些学者对于本研究区也得到相同的结论。例如，沈贝贝等（2019）以 BIOME-BGC 和光能利用率模型为基础估算 NPP 的 MOD17A2H 数据计算出的结果表示净初级生产力从东北部的 $300 \sim 400gC/m^2$ 降到西南部的 $0 \sim 200g\ C/m^2$，变异系数从 0.01 增加到 0.75；彭飞等（2017）利用 MOD13A2 数据结合最小二乘拟合的时间序列植被异常变化检测算法检测 2000—2014 年呼伦贝尔草原植被变化，表明植被覆盖度增加较明显，并表示不同物候期内驱动植被覆盖度变化的因子不同。此外，曲学斌等（2018），郭连发等（2017）分别利用 MODIS NDVI 和 MODIS NPP 产品得到与本研究结果相同的结论。这表明基于时间序列 NDVI 数据的时间信息熵在表征生态系统可持续发展方面表现出独特性。

3.5.2　植被覆盖度变化与影响因子关系

3.5.2.1　植被覆盖度变化与气候因子关系

植被的变化受自然和人为因素双重影响，气候因素中降水和温度是影响植被变化的两大主要因素（Zhou et al.，2017）。本书研究结果指出研究区 92.10% 的植被覆盖度与降水量呈正相关，说明降水对呼伦贝尔草原沙质草原植被覆盖度影响很大，这与大家的研究结果保持高度一致（信忠保等，2007；龙慧灵等，2010；宋春桥等，2011；Mu et al.，2013；缪丽娟等，2014；卓嘎等，2018；邵艳莹等，2018）。只有鄂温克旗东南部和新巴尔虎右旗东南部小部分区域与降水量呈负相关，该区域是大兴安岭西麓，分布多种针叶林和阔叶林等，这些植被类型对较小波动的降水敏感性不强（李斌，2016）。此外，沿呼伦湖和乌尔逊河流域小区域与降水呈负相关，可能是因为此区域为旅游胜地，人类活动强烈，加之沿水源放牧的习惯下土地利用类型退化为盐碱地，而盐碱地受降水量影响不大（杨久春等，2009）。鄂温克旗东南部部分区域植被覆盖度与降水变化呈现极强正相关，是因为此处位于大兴安岭到呼伦贝尔草原的森林草原过渡带，植被的生长需要比典型草原区更多的水分，研究时段内降水量的波动式增加促进了本区域植被的增长，以至于本区植被覆盖度与降水量呈极强相关，这与 Pan et al.（2017）在青藏高原高寒草原所得的研究结论一致。

呼伦贝尔草原 55.82% 的区域 NDVI 与温度呈负相关，44.18% 的则呈正相关，其中极弱相关的面积分别占 37.66% 和 27.93%，说明植被覆盖度对于温度的敏感性要小于对降水的敏感性（陈效述和王恒，2009；孙艳玲等，2010；包刚等，2013）。从图 3-3 和图 3-4 可知，新巴尔虎左旗和新巴尔虎右旗的水分条件较差，而较高的温度增加土壤的蒸发和植被的蒸腾作用，影响了植被的生长，从而与 NDVI 呈负相关。其余区域则与温度呈正相关，是因为这些区域降水量较充沛，充足的水分条件下，温度升高会加速植物生理生化反应，加速植物的生长发育速度，这与许旭等（2009），张清雨等（2013）研究内蒙古草原植被覆盖度与气候因子相关性时得出的结论一致，对于内蒙古草甸草原、荒漠草原生长季温度与植被覆盖度呈负相关关系，生长季较高的温度降低了植被可利用水分，从而抑制了植物生长。

本研究采用基于 Thornthwaite 算法的 SPEI 指数计算了 2001—2018 年呼伦贝尔草原

的干旱特征，同时算出 SPEI 与 NDVI 的相关关系，结果表明研究区 78.80% 的 NDVI 与 SPEI 呈正相关，表明植被状况和水分状况具有良好的相关性，这与前人研究结果保持一致（刘大川等，2017；迟道才等，2018）。NDVI 与 SPEI 负相关的面积仅占研究区的 21.20%，主要分布于大兴安岭西麓区域，这是因为该区的降水多，温度低，温度对于该区植被生长的影响更大，所以此区域植被状况与干旱状况之间的负相关关系可能是温度的变化过程引起的，而非降水引起的，这与杨舒畅等（2019）研究内蒙古近 32 年植被分布与干旱关系时得到的结论一致。

3.5.2.2 植被覆盖度变化与人类活动关系

气候变化是影响呼伦贝尔草原植被覆盖度的重要因子，但是人类活动对于植被变化的影响也是不可忽视的。呼伦贝尔草原是北方重要的畜牧业基地，是当地主要的经济支柱，当地牧民试图通过增加牲畜头数的方式增加收入，却忽略了草地的承载力，使草畜平衡处于失衡状态，每头牲畜的所占的牧场面积逐渐减少，所以只能通过增加草原的利用强度来缓解草畜间的这种失衡的供求关系，此种高强度的利用会使草场严重超荷且缺乏休养生息的机会，进而会导致草地植被、土壤退化，甚至导致沙化，对此政府出台了禁牧、休牧、轮牧等政策缓解草场压力。本研究结果中放牧与植被覆盖度呈极弱相关的面积占整个研究区的 44.72%，即可考虑为没有相关性，只有 0.74% 的面积呈中等到强负相关，而 25.23% 的面积呈中等到强正相关，这与前人利用残差分析得到的研究结果一致（李强等，2016）。此前有关呼伦贝尔草原放牧的研究着眼于样点尺度上，例如，放牧对于植物和土壤化学计量学的影响（丁小慧等，2012）、不同管理方式对植被群落的特征（殷国梅等，2013）、放牧活动对于土壤水文的影响（史小红等，2015）、放牧对于土壤氧化亚氮通量的影响（Yan et al.，2016），很少有研究者在区域尺度上进行放牧压力与植被覆盖度间的相关关系分析，这是因为很难进行牲畜数量空间分布的实地调查，这与内蒙古另一个重要的草地生态系统——锡林郭勒草原遇到的难点一致（王海梅等，2013）。从本研究结果可知，放牧活动并没有对区域尺度上的呼伦贝尔草原植被覆盖度产生负面影响，这可能与国家及当地政府所实施的相关政策和法规有关，如 1998 年以来国家大力提倡生态环境可持续发展并实施天然林保护工程、"三北" 防护林保护工程以及 2002 年开始内蒙古自治区实施退耕还林还草生态工程并取得良好的效果（翟晓霞等，2008；南海波，2008；郭志敏，2009；伊风艳等，2015）。以鄂温克旗为例，2006—2016 年间 "三北" 防护林造林面积为 27 806hm^2，退耕还林面积 2 067hm^2，沿锡尼河、辉河、伊敏河等主要河流两岸沙区综合治理面积为 37 940.1hm^2《鄂温克旗自治旗志（2006—2016 年）》，表明建设作用比破坏作用大，这与整个内蒙古地区的研究结果保持一致（孙艳玲等，2010；郭秀丽等，2018）。

3.6 小结

本章基于 MOD13Q1 NDVI 数据，运用时间信息熵和时间序列信息熵定量的分析呼伦贝尔草原植被覆盖度的空间分布格局及动态变化，并通过与气象数据和牲畜数据间的空间相关性分析找出区域尺度上影响呼伦贝尔草原植被覆盖度变化的驱动因子，得出结论如下。

第一，2001—2018 年间呼伦贝尔草原时间信息熵为 23.07，整个研究区中部典型草原主体部分变化强度较大且呈向东西两侧的草甸草原区和荒漠草原区递减趋势。基于旗（市、区）尺度的空间分布为，陈巴尔虎旗、鄂温克旗西部、新巴尔虎左旗南部变化强度较大，其余区域变化强度较小。基于苏木（镇）尺度的时间信息熵空间分布为，巴彦哈达苏木、巴彦塔拉达斡尔民族乡、罕达盖苏木和阿尔山诺尔苏木是 Ht 最高的前 4 个苏木，吉布胡郎图苏木和贝尔苏木的 Ht 最低，植被覆盖度状态较稳定。

第二，2001—2018 年间呼伦贝尔草原时间序列信息熵空间分布特征为，位于典型草原中北部区域时间序列信息熵较高，处于研究区西南部的荒漠草原最低，整体呈东北—西南递减趋势，从整个研究区植被覆盖度变化分析，增加的面积大于减少的面积，植被覆盖度总体上呈上升趋势。基于旗（市、区）的尺度分析，陈巴尔虎旗的植被覆盖度改善最明显，新巴尔虎右旗退化较严重。基于苏木（镇）尺度分析，植被覆盖度增加最明显的前 3 个苏木为巴彦塔拉达斡尔民族乡、巴彦哈达镇和东乌珠尔苏木；植被覆盖度减少最明显的前 3 个苏木为贝尔苏木，宝格德乌拉苏木和甘珠尔苏木。

第三，研究区 92.1%面积的 NDVI 与降水量呈正相关，只有呼伦湖周围小块片状区域和东南部散点状区域与降水量呈负相关；研究区 78.80%的 NDVI 与 SPEI 呈正相关，主要分布在典型草原中西部及荒漠草原区域；与年均温度的相关分析表明研究区 55.90%面积的 NDVI 呈正相关，空间分布上体现为以东部呈正相关，西部呈负相关为主；NDVI 与放牧压力的相关性分析表明研究区的 91.94%面积均呈正相关，只有东南部靠近大兴安岭的小部分区域呈负相关，这主要受该区域为森林草原交错带影响，部分区域存在散布的低矮乔木和灌木影响。

4 基于样带的呼伦贝尔草原植被特征变化及其影响因子分析

4.1 呼伦贝尔草原物种组成变化

呼伦贝尔草原 330 个样地中共调查到 196 种植物, 分属于 43 科, 122 属。其物种数最多的前 5 个科为菊科 (Compositae)、豆科 (Leguminosae)、禾本科 (Gramineae)、百合科 (Liliaceae) 及蔷薇科 (Rosaceae), 共占全部物种数的 55.10%。水分生态类型主要以中生植物为主, 为 75 种, 其次为旱生植物 (58 种), 此外旱中生植物有 19 种, 占总物种数的 10%, 中旱生植物占 19%, 湿生植物则只有 7 种, 占总物种数的 4% (图 4-1a)。生活型而言, 以多年生草本植物占绝对优势, 占总物种数的 77%, 一、二年生草本植物占 16%, 灌木和半灌木占 7% (图 4-1b)。每个调查样带的物种组成也具有差异, 具体如下。

中蒙边界样带的 94 个样地中, 共发现草本及灌木植物 98 种, 隶属于 24 科 60 属, 其中菊科 (Compositae)、豆科 (Leguminosae)、禾本科 (Gramineae) 和百合科 (Liliaceae) 物种数占总物种数 52.58%, 为物种数最多的前四个科。物种最多的为菊科, 共 11 属 22 种植物, 物种数占总种数 22.45%, 主要以一些多年生杂类草为主, 如阿尔泰狗娃花 (*Heteropappus altaicus*)、火绒草 (*Leontopodium leontopodioides*)、柔毛蒿 (*Artemisia pubescens*)、蒲公英 (*Taraxacum mongolicum*) 等; 其次为豆科, 共 7 属 11 种植物, 占总种数 11.22%, 多以黄耆属 (*Astragalus*) 和锦鸡儿属 (*Caragana*) 植物为主, 常见多年生草本植物有糙叶黄耆 (*A. scaberrimus*)、草木樨状黄耆 (*A. melilotoides*)、斜茎黄耆 (*A. laxmannii*), 常见灌木或小半灌木有小叶锦鸡儿 (*C. microphylla*)、狭叶锦鸡儿 (*C. stenophylla*); 紧随其后的禾本科和百合科分别有 8 属 10 种植物和 2 属 10 种植物, 占总种数的 10.20%, 其中, 禾本科以针茅属 (*Stipa*)、赖草属 (*Leymus*) 和隐子草属 (*Cleistogenes*) 等多年生丛生禾草及丛生小禾草为主; 百合科以葱属 (*Allium*) 为主, 其中砂韭 (*A. bidentatum*)、细叶葱 (*A. tenuissimum*)、碱韭 (*A. polyrhizum*) 最为常见。样地内植物水分生态类型主要以旱生植物为主, 其中旱生植物 34 种、中旱生植物 27 种、旱中生植物 11 种, 共计 72 种, 中生植物为 24 种, 占总物种数的 24.74%, 湿生植物则只有 2 种。植物生活型划分则以多年生草本植物为主, 共 70 种, 一、二年生草本植物有 19 种, 半灌木和灌木物种分别有 6 种和 3 种 (图 4-1c 和 4-1d)。

在伊敏-呼伦湖样带中, 共发现 146 种植物, 分属于 35 科, 93 属, 与中蒙边界样

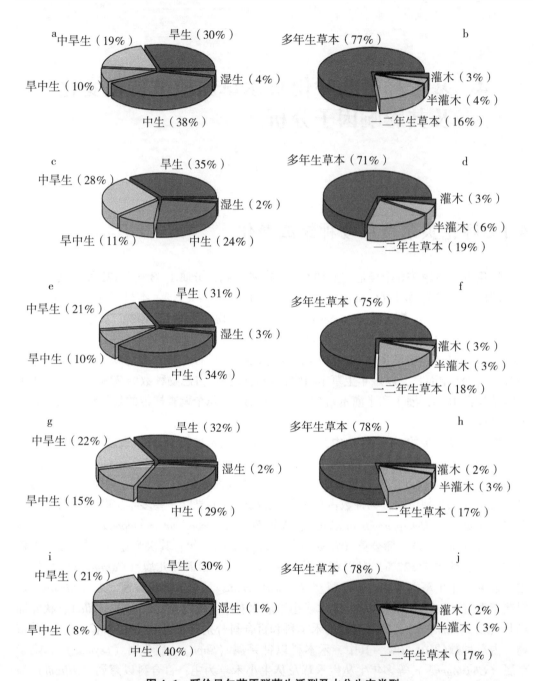

图4-1 呼伦贝尔草原群落生活型及水分生态类型

注：a. 呼伦贝尔草原330个样地植物群水分生态类型；b. 呼伦贝尔草原330个样地植物群落生活型；c. 中蒙边界样带植物群落水分生态类型；d. 中蒙边界样带植物群落生活型；e. 伊敏-呼伦湖样带植物群落水分生态类型；f. 伊敏-呼伦湖样带植物群落生活型；g. 海拉尔河南岸样带植物群落水分生态类型；h. 海拉尔河南岸样带植物群落生活型；i. 纳吉-黑山头样带植物群落水分生态类型；j. 纳吉-黑山头样带植物群落生活型。

带的前 4 个科不同的是禾本科（Gramineae）与蔷薇科（Rosaceae）物种增加，分别具有 15 属 22 种和 4 属 12 种，前 4 个科占总物种数的 51.37%。所有属中委陵菜属（Potentilla）和蒿属（Potentilla）均具有 9 个物种，两者加起来的物种占总物种数的12.33%，是物种数最多的两个属。水分类型而言，中生植物种最多，为 50 种，其次为旱生、中旱生、旱中生，分别具有 45 种、31 种、15 种，湿生物种最少，只有 5 种。生活型中多年生草本植物占总物种数的四分之三（76%），其次为一、二年生草本物种，占 18%，而灌木和半灌木分别只占 3%（图 4-1e 和图 4-1f）。

在海拉尔河南岸样带中，共调查记录 94 种植物，分属于 26 科、64 属，物种数最多的前 4 个科分别为菊科（Compositae）、禾本科（Gramineae）、豆科（Leguminosae）以及蔷薇科（Rosaceae），分别占全部物种数的 23.40%、12.77%、9.58% 和 9.58%。主要的属有蒿属 Artemisia（7 种）、委陵菜属 Potentilla（7 种）、葱属 Allium（3 种）、藜属 Chenopodium（3 种）、蓼属 Polygonum（3 种），这 5 个属的物种占全部物种数的 24.47%。生活型而言，94 个物种中多年生草本植物有 73 种，占总物种数的 78%，而一、二年生草本植物，灌木和半灌木分别有 16、2 和 3 种，各占总物种数的 17%、2% 和 3%。水分生态类型则以旱生、中旱生植物为主，分别为 30 和 21 种，其次为中生和旱中生植物，湿生植物则只有 2 种（图 4-1g 和图 4-1h）。

纳吉-黑山头样带的前 4 个科跟中蒙边界样带的前 4 个科相似但排序有所不同。纳吉-黑山头样带也以菊科（Compositae）植物最多，为 14 属 20 种，占全部物种数的16.39%，禾本科（Gramineae）为第 2 大科，具 11 属 11 种，豆科（Leguminosae）和百合科（Liliaceae）分别具 7 属 10 种和 3 属 10 种。前 4 大科的物种占总物种数的 41.80%。其余 71 种分属于 35 科 57 属，占总物种数的 58.20%。水分生态类型则跟伊敏-呼伦湖样带相似，均以中生植物为主，占 40%，其次为旱生，占 30%，中旱生、旱中生和湿生物种占总物种数的 30%。生活型跟海拉尔河南岸样带相近，多年生草本植物、一、二年生草本植物、灌木和半灌木分别占 78%、17%、3% 和 2%（图 4-1i 和图 4-1j）。

4.2　呼伦贝尔草原植物群落分类

根据最优聚类簇数分析和 Ward 聚类方法结果（图 4-3）来看，呼伦贝尔草原可分为17 个群落类型（下面详述 17 个群落），归为 3 个植被型。从 330 个样地物种重要值的NMDS 分析结果可知，Stress 值为 0.14，表明排序结果可接受（Clark，1993）。从图中可清晰地看出荒漠草原、典型草原和草甸草原 3 个植被类型分布状况。第一排序轴从低到高反映了降水由少到多的梯度，其植被类型从荒漠草原到典型草原和草甸草原，表明在该区域内水分是最主要控制因子（张戈丽等，2011）。第二排序轴从低到高则反映了温度由低到高的梯度，其对植被类型的影响并不明显。图中显示荒漠草原与草甸草原分离较为明显，分布区几乎没有重叠，表明两个草原类型的物种组成差异较大；典型草原与荒漠草原及草甸草原整体上相对独立，但与荒漠草原及草甸草原均有部分重叠。相似性分析（ANOSIM）分析进一步证实 NMDS 排序的结果，从表 4-1 可知，3 种草原植物群落类型间差异达到了极显著水平（$R = 0.387$，$P = 0.001$），其中荒漠草原与草甸草原植物群落组成的差异达到极显著水平（$R=0.777$，$P=0.001$），相异性最大，达 85.94%；典型草原和荒漠草原差异次之（$R=0.646$，$P=0.001$），相异性百分比为 80.37%，而草甸草原和典型草原植物群落相似性较高（$R=0.284$，$P=0.044$）（表4-1）。

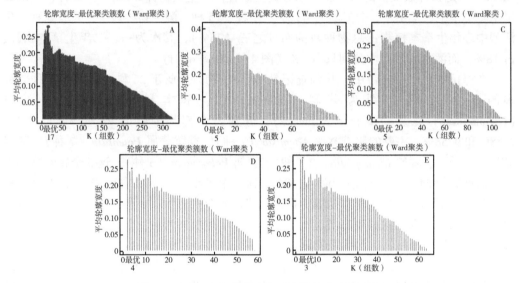

图4-2　呼伦贝尔草原植物群落最优分类数确定

表4-1　呼伦贝尔草原不同植被型相似性分析

植被型	R 值	相异性百分比（%）
Ⅰ、Ⅱ、Ⅲ	0.387**	—
Ⅰ–Ⅱ	0.646**	80.37
Ⅰ–Ⅲ	0.777**	85.94
Ⅱ–Ⅲ	0.284*	75.46

注：Ⅰ代表荒漠草原；Ⅱ代表典型草原；Ⅲ代表草甸草原；* 表示在 0.05 水平上差异显著；** 表示在 0.01 水平上差异显著。

对呼伦贝尔草原中蒙边界样带 94 个样地进行最优聚类簇数分析，结果表明 5 类为最优聚类数（图4-2B），并对其进行 Ward 系统分类，并依据指示种命名各群落类型。本研究区群落可分为 5 类（图4-4）。

Ⅰ：碱韭-狭叶锦鸡儿群落（*Allium polyrhizum – Caragana stenophylla*）：包括样地 60~67，69~86 和 88。群落平均覆盖度为 5 个群落中最低，为 29.22%，变异系数为 0.34。狭叶锦鸡儿（*C. stenophylla*）是灌木层中优势种而碱韭（*A. polyrhizum*）为草本层中主要优势种，寸草薹（*Carex duriuscula*）为主要伴生种，几乎出现在所有样方中。

Ⅱ：寸草薹-克氏针茅-糙隐子草群落（*Carex duriuscula – Stipa krylovii – Cleistogenes squarrosa*）：包括 20 个样地，群落平均盖度为 32.49%，克氏针茅（*S. krylovii*）为优势层片中最高的物种，而寸草薹（*C. duriuscula*）的盖度最高，其次为糙隐子草

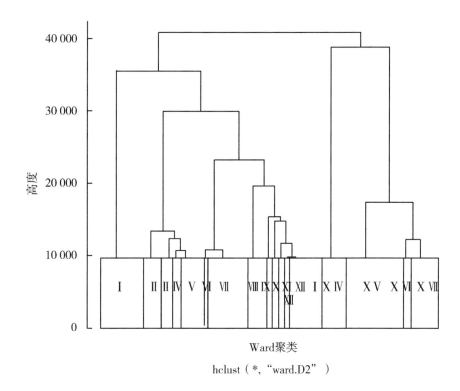

图 4-3 呼伦贝尔草原 330 个样地群落 Ward 聚类

注：图中 Ⅰ～ⅩⅦ代表群落类型。

（*C. squarrosa*）的盖度。二裂委陵菜（*Potentilla bifurca*）为常见种，百里香（*Thymus mongolicus*）为偶见种。

Ⅲ：大针茅–冷蒿群落（*Stipa grandis–Artemisia frigida*）：群落包括 14 个样地，群落平均盖度为 47.35%，变异率为 19.33%。群落中除了大针茅（*S. grandis*）和冷蒿（*A. frigida*）外糙隐子草（*Cleistogenes squarrosa*）和星毛委陵菜（*Potentilla acaulis*）等退化指示种的重要值较高，表明群落退化较严重。

Ⅳ：脚薹草–羊草–冷蒿群落（*Carex pediformis–Leymus chinensis–Artemisia frigida*）：群落包括 16 个样地，平均盖度为 42.33%。群落中脚薹草（*C. pediformis*）、羊草（*L. chinensis*）和冷蒿（*A. frigida*）占主导地位外还有克氏针茅（*S. krylovii*）、冷蒿（*A. frigida*）等常见种及红柴胡（*Bupleurum scorzonerifolium*）等草甸草原分布种 。

Ⅴ：冰草–脚薹草–糙隐子草群落（*Agropyron cristatum–Carex pediformis–Cleistogenes squarrosa*）：群落包括 19 个样地，平均盖度为 48.79%，是 5 个群落盖度最高的。群落中除了冰草（*A. cristatum*）、脚薹草（*C. pediformis*）和糙隐子草群落（*C. squarrosa*）外具有许多伴生种，其中克氏针茅（*S. krylovii*）、羊草（*L. chinensis*）、野韭（*Allium ramosum*）和砂韭（*Allium bidentatum*）为最为常见的伴生种。

对中蒙边界样带 94 个样地进行 NMDS 排序，从图可知碱韭–狭叶锦鸡儿群落具有自己的分布范围和界限，与其他群落间的物种组成差异均较大，寸草薹-克氏针茅-糙隐子草群落也具有较独立的边界，只有几个样地与冰草-脚薹草-糙隐子草群落有部分叠加；而冰草-脚薹草-糙隐子草群落与大针茅-冷蒿群落和脚薹草-羊草-冷蒿群落间均有部分叠加，表明与其他 2 个群落间物种组成具相似部分，NMDS 排序图可较好地反映各样地之间的关系（彩图 3）。

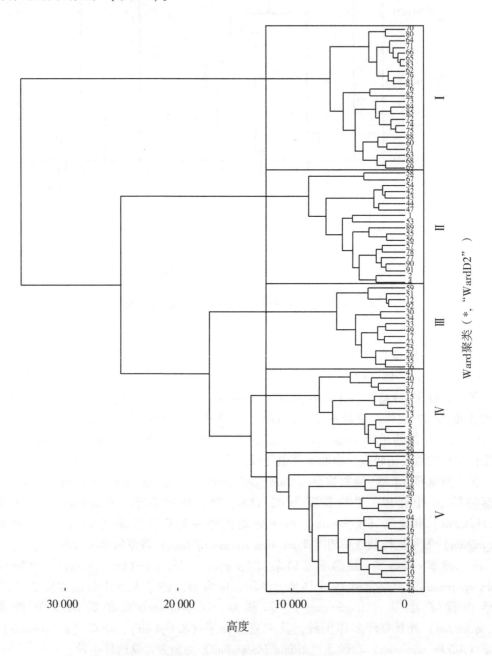

图 4-4　呼伦贝尔草原中蒙边界样带群落 Ward 聚类

5 种群落类型间植物组成的 ANOSIM 分析结果也进一步表明 NMDS 结果（表 4-2）。5 种群落类型存在着极显著的差异（$R=0.722$，$P=0.001$）。其中碱韭-狭叶锦鸡儿群落与大针茅-冷蒿群落类型间差异达到了极显著水平（$R=0.988$，$P=0.001$），相异性百分比（SIMPER）达到 86.35%，表明两者的物种组成差异最大；其次为碱韭-狭叶锦鸡儿群落和脚薹草-羊草-冷蒿群落间（$R=0.970$，$P=0.001$），SIMPER 为 85.18%，两者物种组成差异也较大但不及前两个群落间差异；各群落间差异中大针茅-冷蒿群落与冰草-脚薹草-糙隐子草群落和脚薹草-羊草-冷蒿与冰草-脚薹草-糙隐子草群落间物种组成差异没有达到显著水平，相异性百分比分别为 63.58% 和 67.26%，表明大针茅-冷蒿群落与此两种群落间物种组成相似性较高。

表 4-2　呼伦贝尔草原中蒙边界样带不同群落类型相似性分析

群落类型	R 值	相异性百分比（%）
Ⅰ、Ⅱ、Ⅲ、Ⅳ、Ⅴ	0.722 **	—
Ⅰ～Ⅱ	0.782 **	71.49
Ⅰ～Ⅲ	0.988 **	86.35
Ⅰ～Ⅳ	0.970 **	85.18
Ⅰ～Ⅴ	0.880 **	84.86
Ⅱ～Ⅲ	0.843 **	79.97
Ⅱ～Ⅳ	0.768 **	79.38
Ⅱ～Ⅴ	0.605 **	78.07
Ⅲ～Ⅳ	0.461 **	94.97
Ⅲ～Ⅴ	0.092	63.58
Ⅳ～Ⅴ	0.158	67.26

注：Ⅰ代表碱韭-狭叶锦鸡儿群落；Ⅱ代表寸草薹-克氏针茅-糙隐子草群落；Ⅲ代表大针茅-冷蒿群落；Ⅳ代表脚薹草-羊草-冷蒿；Ⅴ代表冰草-脚薹草-糙隐子草群落；** 表示在 0.01 水平上差异显著。

根据最优聚类簇分析（图 4-2C），呼伦贝尔草原伊敏-呼伦湖样带也可分为 5 类（图 4-5），具体介绍如下。

Ⅰ：大针茅-寸草薹群落（*Stipa grandis-Carex duriuscula*）：群落包括 22 个样地，平均群落覆盖度为 32.36%，变异率为 52.06%。群落中大针茅（*S. grandis*）寸草薹（*C. duriuscula*）为主要优势种外羊草（*Leymus chinensis*）几乎出现在每个样地但重要值没有大针茅和寸草薹大，成为常见种。

Ⅱ：寸草薹-星毛委陵菜-羊草群落（*Carex duriuscula - Potentilla acaulis - Leymus chinensis*）：群落包括 38 个样地，群落覆盖度最高，为 44.11%。群落中主要优势种有寸草薹（*C. duriuscula*）、星毛委陵菜（*P. acaulis*）、羊草（*L. chinensis*），主要伴生种有独行菜（*Lepidium apetalum*）、朝天委陵菜（*Potentilla supina*）、阿尔泰狗娃花（*Heteropappus altaicus*）和鹤虱（*Lappula myosotis*）。

Ⅲ：冰草-羊草-大针茅群落（*Agropyron cristatum-Leymus chinensis-Stipa grandis*）：

群落包括 22 个样地，群落覆盖度为 32.19%。主要优势种有冰草（*A. cristatum*）、羊草（*L. chinensis*）、大针茅（*S. grandis*）。主要伴生种有冷蒿（*Artemisia frigida*）、黄蒿（*Artemisia scoparia*）、星毛委陵菜（*Potentilla acaulis*）和麻花头（*Serratula centauroides*）。

Ⅳ：大针茅–羊草–草地早熟禾群落（*Stipa grandis–Leymus chinensis–Poa pratensis*）：群落包括 9 个样地，群落平均覆盖度为 39.63%，变异系数为 35.59%。群落主要优势种有羊草（*L. chinensis*）、大针茅（*S. grandis*）、草地早熟禾（*P. pratensis*），主要伴生种有寸草薹（*Carex duriuscula*）、蒲公英（*Taraxacum mongolicum*）和野韭（*Allium ramosum*）。

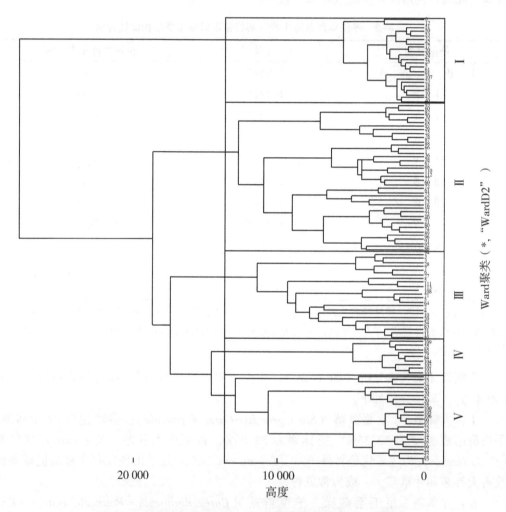

图 4-5　呼伦贝尔草原伊敏–呼伦湖样带植物群落 Ward 聚类

Ⅴ：大针茅–砂韭–羊草群落（*Stipa grandis–Allium bidentatum–Leymus chinensis*）：群落包括 22 个样地，平均群落覆盖度为 35.11%。群落中主要优势种有大针茅（*S. grandis*）、砂韭（*A. bidentatum*）、羊草（*L. chinensis*）。伴生种有狭叶锦鸡儿（*Caragana stenophylla*）、寸草薹（*Carex duriuscula*）和矮葱（*Allium anisopodium*）。

彩图 4 为呼伦贝尔草原伊敏–呼伦湖样带不同群落类型的 NMDS 排序，此结果与中蒙边界样带的相比各群落分布范围和边界均不是很明显。从彩图中可看出，大针茅–寸草薹群落与大针茅–羊草–草地早熟禾群落间的界限和与寸草薹–星毛委陵菜–羊草群落的边界较明显，其余各群落间的边界不明显，均有部分叠加。

与中蒙边界样带的 5 个群落间 ANOSIM 分析结果不同的是伊敏–呼伦湖样带 5 个群落间差异没有达到显著水平。大针茅–寸草薹群落与各群落间的差异均达到了显著水平，其中除了与大针茅–砂韭–羊草群落间的差异达到显著水平外与其他 3 个群落间的差异均达到了极显著水平。寸草薹–星毛委陵菜–羊草群落与冰草–羊草–大针茅群落物种组成具极显著差异，与大针茅–砂韭–羊草间相异性百分比为 66.26%（$R=0.231$），而与大针茅–羊草–草地早熟禾群落间的差异没有达到显著水平（$R=0.190$，SIMPER 为 67.64%）。冰草–羊草–大针茅群落和大针茅–羊草–草地早熟禾群落间物种组成差异较低（$R=0.053$，SIMPER 为 78.41%）。大针茅–砂韭–羊草群落和冰草–羊草–大针茅群落（$R=0.329$，$P=0.001$）与大针茅–砂韭–羊草群落和大针茅–羊草–草地早熟禾群落（$R=0.378$，$P=0.001$）间的差异均为极显著。

表 4-3　呼伦贝尔草原伊敏–呼伦湖样带不同群落类型相似性分析

群落类型	R 值	相异性百分比（%）
Ⅰ、Ⅱ、Ⅲ、Ⅳ、Ⅴ	0.324	—
Ⅰ ~ Ⅱ	0.435**	70.71
Ⅰ ~ Ⅲ	0.316**	74.23
Ⅰ ~ Ⅳ	0.797**	65.98
Ⅰ ~ Ⅴ	0.236*	54.27
Ⅱ ~ Ⅲ	0.488**	79.68
Ⅱ ~ Ⅳ	0.190	67.64
Ⅱ ~ Ⅴ	0.231*	66.26
Ⅲ ~ Ⅳ	0.053	78.41
Ⅲ ~ Ⅴ	0.329**	75.71
Ⅳ ~ Ⅴ	0.378**	59.53

注：Ⅰ：大针茅–寸草薹群落；Ⅱ：寸草薹–星毛委陵菜–羊草群落；Ⅲ：冰草–羊草–大针茅群落；Ⅳ：大针茅–羊草–草地早熟禾群落群落；Ⅴ：大针茅–砂韭–羊草；* 表示在 0.05 水平上差异显著；** 表示在 0.01 水平上差异显著。

海拉尔河南岸样带可分为 4 类群落（图 4-2D 和图 4-6），具体介绍如下。

Ⅰ：寸草薹–二裂委陵菜群落（*Carex duriuscula-Potentilla bifurca*）：包括样地 4，5，7，9，10，13，14，16，17，19，22，45，46，48，49，51 ~ 54，56。群落盖度为 25% ~ 65%，变异率为 28.38%。优势种有寸草薹和二裂委陵菜，主要伴生种有羊草、鹤虱（*Lappula myosotis*）、大针茅（*Stipa grandis*）、星毛委陵菜（*Potentilla acaulis*）。

Ⅱ：羊草群落（*Leymus chinensis*），包括样地 1 ~ 3，6，8，18，20 ~ 26，39，43，50，55，57 ~ 58。优势种有羊草，主要伴生种有寸草薹、大针茅、冰草和朝天委陵菜

（*Potentilla supina*）。群落平均覆盖度为26%~65%，变异率为31.25%。

Ⅲ：冰草-星毛委陵菜-糙隐子草群落（*Agropyron cristatum-Potentilla acaulis-Cleistogenes squarrosa*），包括样地11，31，33~38，41，42，44，47。优势种有冰草、星毛委陵菜和糙隐子草，主要伴生种有寸草薹、冷蒿（*Artemisia frigida*）、大针茅和洽草（*Koeleria litvinowii*）。群落平均覆盖度为29%~55%，变异率为19.36%。

Ⅳ：脚薹草-贝加尔针茅群落（*Carex pediformis-Stipa baicalensis*），包括样地12，15，27~30，32，40。优势种有脚薹草和贝加尔针茅，主要伴生种百里香（*Thymus mongolicus*）。群落平均覆盖度为27%~50%，变异率为22.12%。

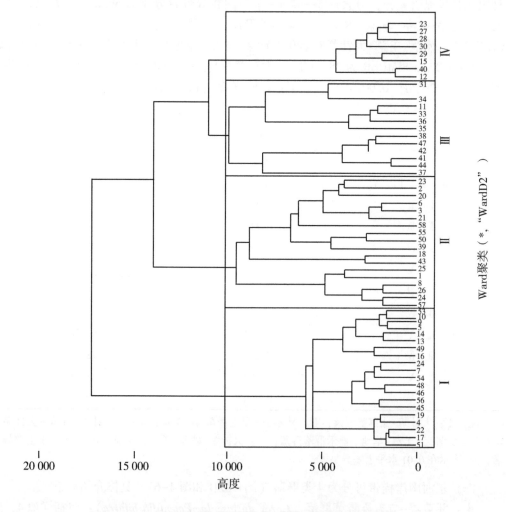

图4-6 呼伦贝尔草原海拉尔河南岸样带植物群落 Ward 聚类

对研究区58个样地进行 NMDS 排序（彩图5）。从群落类型而言，从排序图中可看出除羊草群落外其余3个群落在排序图上均有自己的分布范围和界限，说明3个群落物种组成差异性较大，而羊草群落与寸草薹-二裂委陵菜群落和冰草-星毛委陵菜-糙隐子草群落有部分叠加，表明羊草群落与2个群落间物种组成具相似部分，NMDS 排序图可较好地反映各样地之间的关系。

4 种群落类型间植物组成的 ANOSIM 分析结果表明（表4-4），4 种群落类型存在着极显著的差异（$R=0.49$，$P=0.001$）。其中寸草薹-二裂委陵菜群落与脚薹草-贝加尔针茅群落的相异性最高（$R=0.97$），表明两个群落物种组成差异最大；其次为冰草-星毛委陵菜-糙隐子草群落与脚薹草-贝加尔针茅群落间（$R=0.90$），两者物种组成差异也较大但不及前两个群落间差异；寸草薹-二裂委陵菜群落与冰草-星毛委陵菜-糙隐子草群落间的相异性（$R=0.47$）高于羊草群落与脚薹草-贝加尔针茅群落间的相异性（$R=0.42$）且高于寸草薹-二裂委陵菜群落与羊草群落间相异性（$R=0.39$）和冰草-星毛委陵菜-糙隐子草群落与羊草群落（$R=0.26$），表明羊草群落与冰草-星毛委陵菜-糙隐子草群落间物种组成相似性较高。

表4-4　呼伦贝尔草原海拉尔河南岸样带不同群落类型相似性分析

群落类型	R 值	相异性百分比（%）
Ⅰ、Ⅱ、Ⅲ、Ⅳ	0.49**	—
Ⅰ～Ⅱ	0.39	76.71
Ⅰ～Ⅲ	0.47**	65.89
Ⅰ～Ⅳ	0.97**	56.40
Ⅱ～Ⅲ	0.26	76.31
Ⅱ～Ⅳ	0.42**	83.39
Ⅲ～Ⅳ	0.90**	80.94

注：Ⅰ：脚薹草-草地早熟禾群落；Ⅱ：寸草薹-羊草群落；Ⅲ：寸草薹-小叶锦鸡儿-糙隐子草群落；** 表示在 0.01 水平上差异显著。

由图4-2E 可知，纳吉-黑山头样带 65 个样地可分为 3 个群落类型（图4-7），具体如下。

Ⅰ：脚薹草-草地早熟禾群落（Carex pediformis-Poa pratensis）：群落包括 13 个样地，平均覆盖度达到 34.36%，变异率为 14.83%。是四条样带所有样地中覆盖度最大的群落。脚薹草（C. pediformis）和草地早熟禾（P. pratensis）为主要优势种，而主要伴生种有贝加尔针茅（Stipa baicalensis）、亚洲蓍（Achillea asiatica）、瓣蕊唐松草（Thalictrum petaloideum）和白婆婆纳（Veronica incana）。

Ⅱ：寸草薹-羊草群落（Carex duriuscula-Leymus chinensis）：群落包括 18 个样地，平均群落盖度为 51.77%，是 3 个群落中覆盖度最低的群落，变异率为 13.36%。寸草薹（C. duriuscula）和羊草（L. chinensis）在群落中占绝对优势，小叶锦鸡儿（Caragana microphylla）是灌木层主要伴生种，而糙隐子草（Cleistogenes squarrosa）和星毛委陵菜是（Potentilla acaulis）草本层常见伴生种。

Ⅲ：寸草薹-小叶锦鸡儿-糙隐子草群落（Carex duriuscula-Caragana microphylla-Cleistogenes squarrosa）：群落包括 34 个样地，样地数最多的群落类型。群落平均覆盖度为 55.00%，寸草薹（C. duriuscula）、小叶锦鸡儿（C. microphylla）、糙隐子草（C. squarrosa）是主要优势种，羊草（Leymus chinensis）、草地早熟禾（Poa

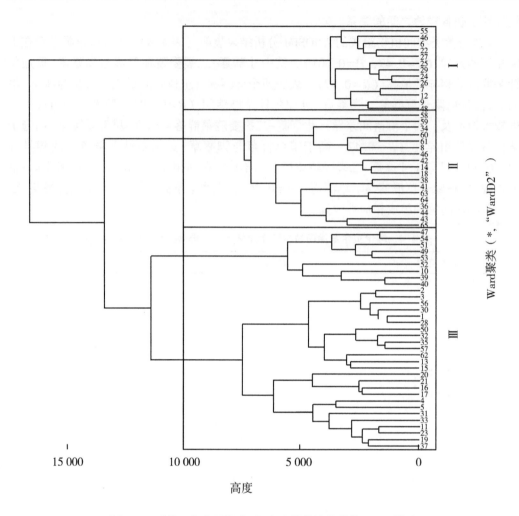

图 4-7　呼伦贝尔草原纳吉-黑山头样带植物群落 Ward 聚类

pratensis）和二裂委陵菜（*Potentilla bifurca*）为常见伴生种。

　　纳吉-黑山头样带 65 个样地 NMDS 排序图可知，脚薹草-草地早熟禾群落具相对独立的边界而寸草薹-羊草群落和寸草薹-小叶锦鸡儿-糙隐子草群落样地间混合存在，没有明显的边界，表明物种组成间差异较小。

　　呼伦贝尔草原纳吉-黑山头样带 3 种群落类型间植物组成的 ANOSIM 分析和 SIMPER 分析结果表明（表 4-5），3 种群落类型存在着极显著的差异（$R = 0.532$，$P = 0.01$）。其中脚薹草-草地早熟禾群落与寸草薹-羊草群落和寸草薹-小叶锦鸡儿-糙隐子草群落间的差异均较大，R 值分别为 0.815 和 0.630，相异性百分比分别为 76.35% 和 73.64%。寸草薹-羊草群落与寸草薹-小叶锦鸡儿-糙隐子草群落间的差异也达到了极显著水平，但物种组成差异没有与脚薹草-草地早熟禾群落间的差异大，R 值为 0.351，而相异性百分比为 66.13%。

表 4-5 呼伦贝尔草原纳吉-黑山头样带不同群落类型相似性分析

群落类型	R 值	相异性百分比（%）
Ⅰ、Ⅱ、Ⅲ	0.532**	—
Ⅰ~Ⅱ	0.815**	76.35
Ⅰ~Ⅲ	0.630**	73.64
Ⅱ~Ⅲ	0.351**	66.13

注：** 表示在 0.01 水平上差异显著。

4.3 呼伦贝尔草原不同植物群落生物量比较

4.3.1 呼伦贝尔草原植物群落地上生物量比较

整个呼伦贝尔草原 3 个植被类型间地上生物量没有显著差异，其中典型草原地上生物量（73.85g/m²）显著高于荒漠草原（50.04g/m²）和草甸草原（44.64g/m²）（图 4-8A）；中蒙边界样带群落中大针茅-冷蒿群落的地上生物量（105.84g/m²）显著高于脚薹草-羊

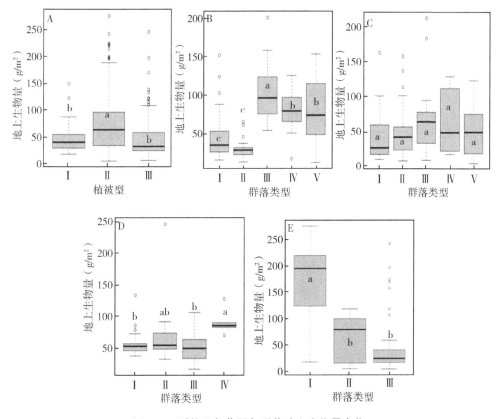

图 4-8 呼伦贝尔草原各群落地上生物量变化

注：不同字母表示各群落间生物量差异显著性（$P=0.05$ 水平上）。

草–冷蒿（73.45g/m²）和冰草–脚薹草–糙隐子草群落（85.57g/m²），碱韭–狭叶锦鸡儿群落（48.67g/m²）和寸草薹–克氏针茅–糙隐子草群落地上生物量（32.16g/m²）显著低于其他3个群落（图4-8B）；伊敏–呼伦湖样带各群落地上生物量没有显著差异，其中冰草–羊草–大针茅群落的地上生物量最高70.16g/m²，大针茅–寸草薹群落的最低（44.51g/m²），其他3个群落地上生物量居于二者之间（图4-8C）；海拉尔河南岸样带中脚薹草–贝加尔针茅群落的地上生物量（90.51g/m²）显著高于寸草薹–二裂委陵菜群落（57.89g/m²）和冰草–星毛委陵菜–糙隐子草群落（75.49g/m²），羊草群落（75.59g/m²）的地上生物量与其他3个群落均没有显著差异（图4-8D）；纳吉–黑山头样带3个群落间地上生物有显著差异。脚薹草–草地早熟禾群落的地上生物量显著高于寸草薹–羊草群落和寸草薹–小叶锦鸡儿–糙隐子草群落，寸草薹–羊草群落的地上生物量高于寸草薹–小叶锦鸡儿–糙隐子草群落，但二者间没有显著差异（图4-8E）。

4.3.2 呼伦贝尔草原植物群落地下生物量比较

由图4-9A可知，呼伦贝尔草原3个植被类型间地下生物量差异不显著，其中典型草原的地下生物量最高，平均为911.88g/m²，草甸草原的最低（729.48g/m²）；中蒙边

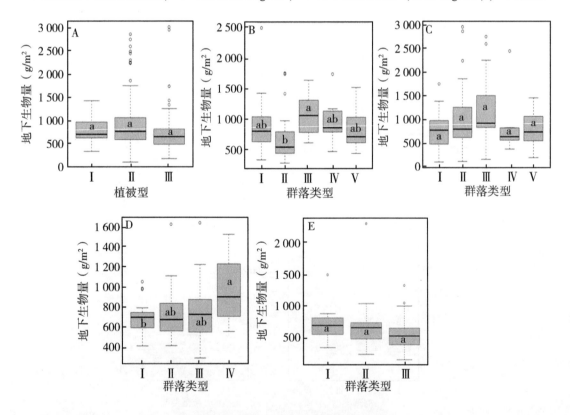

图4-9 呼伦贝尔草原各群落地下生物量变化

注：不同字母表示各群落间生物量差异显著性（P=0.05水平上）。

界样带地下生物量变化与地上生物量相同，也是大针茅-冷蒿群落地下生物量（1 051.62g/m²）显著高于寸草薹-克氏针茅-糙隐子草群落（712.95g/m²），而碱韭-狭叶锦鸡儿群落（955.36g/m²）、脚薹草-羊草-冷蒿（917.82g/m²）和冰草-脚薹草-糙隐子草群落的地下生物量（818.11g/m²）居中（图4-9B）；伊敏-呼伦湖样带各群落间地下生物量变化与其地上生物量变化相同，也是冰草-羊草-大针茅群落的地下生物量最大，为1 181.63g/m²，大针茅-寸草薹群落的最低，为793.31g/m²（图4-9C）；海拉尔河南岸样带各群落地下生物量中也是脚薹草-贝加尔针茅群落（980.08g/m²）显著高于寸草薹-二裂委陵菜群落（703.91g/m²），羊草群落（791.34g/m²）和冰草-星毛委陵菜-糙隐子草群落地下生物量（764.16g/m²）与二者没有显著差异（图4-9D）；纳吉-黑山头样带3个群落地下生物量的排序为脚薹草-草地早熟禾群落 > 寸草薹-羊草群落 > 寸草薹-小叶锦鸡儿-糙隐子草群落，但彼此间差异没有达到显著水平（图4-9E）。

4.4 呼伦贝尔草原不同植物群落多样性比较

图4-10为呼伦贝尔草原各群落Rényi多样性变化图，由图4-10可知，荒漠草原在任何 α 处的值均低于典型草原和草甸草原，表明荒漠草原多样性最低。典型草原和草甸草原由于相互交叉而无法进行排序，此外，Rényi曲线 ∞ 尺度参数取值小于0.5时优势种的相对多度超过60%，介于0.5~1.5时优势种的相对多度为22%~60%（Kindt *et al.*，2006），从图4-10可知，草甸草原的 ∞ 尺度处的值在0.5~1的范围内表明草甸草原的优势种的优势作用明显，加之群落内对资源的竞争导致其他物种少，群落多样性低；中蒙边界样带5种群落类型Rényi多样性排序结果显示，大针茅-冷蒿群落在任何 α 处的值均大于其他群落的值，表明大针茅-冷蒿群落多样性最高，寸草薹-克氏针茅-糙隐子草群落次之，而碱韭-狭叶锦鸡儿群落，脚薹草-羊草-冷蒿和冰草-脚薹草-糙隐子草群落所有 α 尺度上的值均低于大针茅-冷蒿群落和寸草薹-克氏针茅-糙隐子草群落，表明三者的多样性均低于前两者，且由于三者间有交叉部分无法进行排序（图4-10B）；图4-10C为伊敏-呼伦湖样带各群落多样性排序图。冰草-羊草-大针茅群落所有 α 尺度上的值均大于大针茅-羊草-草地早熟禾群落、寸草薹-星毛委陵菜-羊草群落和大针茅-砂韭-羊草群落的值，表明冰草-羊草-大针茅群落的多样性最高。大针茅-羊草-草地早熟禾群落中大针茅、羊草、草地早熟禾群落等优势种占主要优势，对于资源的竞争力高于其他物种，高度和盖度均高于其他物种。大针茅-寸草薹群落和冰草-羊草-大针茅群落的多样性无法进行排序，除此之外，由于交叉作用寸草薹-星毛委陵菜-羊草群落、大针茅-羊草-草地早熟禾群落和大针茅-砂韭-羊草群落间均不可比较多样性；从海拉尔河南岸样带各群落多样性排序可看出，寸草薹-二裂委陵菜群落和脚薹草-贝加尔针茅群落在任何尺度参数处的值均低于羊草群落和冰草-星毛委陵菜-糙隐子草群落，表明羊草群落和冰草-星毛委陵菜-糙隐子草群落多样性高于寸草薹-二裂委陵菜群落和脚薹草-贝加尔针茅群落。而寸草薹-二裂委陵菜群落和脚薹草-贝加尔针茅群落与羊草群落和冰草-星毛委陵菜-糙隐子草群落间均不能进行多样性排序。Rényi曲线 α 尺度参数取值大于2，表明冰草-星毛委陵菜-糙隐

子草群落优势物种的优势作用不明显，群落内物种间分布较均匀（图 4-10D）；纳吉-黑山头样带 3 个群落多样性排序情况如下：脚薹草-草地早熟禾 Rényi 曲线任何尺度参数取值均高于寸草薹-小叶锦鸡儿-糙隐子草群落，表明其多样性高于寸草薹-小叶锦鸡儿-糙隐子草群落。而脚薹草-草地早熟禾群落和寸草薹-羊草群落间无法进行多样性排序。寸草薹-小叶锦鸡儿-糙隐子草群落中灌木层中的优势种小叶锦鸡儿，草本层中寸草薹和糙隐子草的资源利用高于其他物种因此高度和盖度均高，导致重要值高于其他物种（图 4-10E）。

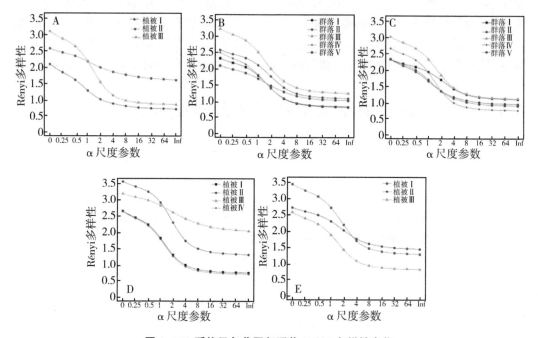

图 4-10　呼伦贝尔草原各群落 Rényi 多样性变化

4.5　呼伦贝尔草原不同植物群落土壤物理特征比较

4.5.1　呼伦贝尔草原不同植物群落土壤含水量比较

土壤含水量是反应土壤理化性能的重要指标。由图 4-11 可知，呼伦贝尔草原 3 个植被类型间土壤含水量差异显著，其中草甸草原（12.48%）和典型草原土壤含水量（9.51%）显著高于荒漠草原（4.79%），但是草甸草原和典型草原间差异并没有达到显著水平（图 4-11A）；中蒙边界样带中，脚薹草-羊草-冷蒿群落水分含量高于其他 4 个群落，其中大针茅-冷蒿群落含水量比其他 3 种群落高但并未达到显著水平（图 4-11B）；伊敏-呼伦湖样带各群落中大针茅-寸草薹群落、寸草薹-星毛委陵菜-羊草群落和大针茅-砂韭-羊草群落的土壤含水量显著高于大针茅-羊草-草地早熟禾群落，而冰草-羊草-大针茅群落与其他 4 种均没有显著差异（图 4-11C）；海拉尔河南岸样带中，寸草薹-二裂委陵菜群落显著高于冰草-星毛委陵菜-糙隐子草群落，而羊草群落水分含量和脚薹草-贝加尔针茅群落含水量与其他 2 种群落均无显著差异（图 4-11D）；纳吉-黑山头样带各群落间的土壤含水量没有显著差异，分别为 21.64%、17.62% 和 23.48%（图 4-11E）。

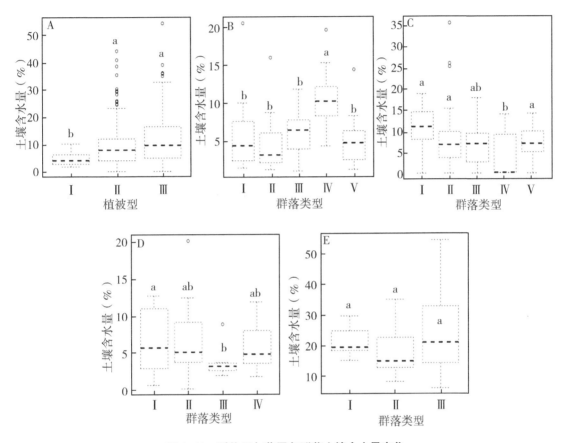

图 4-11 呼伦贝尔草原各群落土壤含水量变化

注：不同字母表示各群落间生物量差异显著性（$P=0.05$ 水平上）。

4.5.2 呼伦贝尔草原不同植物群落土壤容重比较

呼伦贝尔草原 3 个植被类型（图 4-12A）中，荒漠草原的土壤容重（1.37g/cm³）高于典型草原（1.27g/cm³），典型草原的高于草甸草原（1.24g/cm³），但三者间差异并未达到显著水平；中蒙边界样带各群落中（图 4-12B），寸草薹-克氏针茅-糙隐子草群落和冰草-脚薹草-糙隐子草群落则显著高于脚薹草-羊草-冷蒿，而碱韭-狭叶锦鸡儿群落和大针茅-冷蒿群落与其他 3 种群落差异不显著。就伊敏-呼伦湖样带土壤容重而言，冰草-星毛委陵菜-糙隐子草群落则显著高于寸草薹-二裂委陵菜群落，而羊草群落和脚薹草-贝加尔针茅群落与其他两种群落差异不显著（图 4-12C）；海拉尔河南岸样带各群落间没有显著差异，其中大针茅-羊草-草地早熟禾群落的土壤容重最高

（1.37g/cm³），寸草薹-星毛委陵菜-羊草群落的最低（1.19g/cm³）（图4-12D）。纳吉-黑山头样带各群落中寸草薹-羊草群落的土壤容重（1.21g/cm³）显著高于脚薹草-草地早熟禾群落（0.98g/cm³）和寸草薹-小叶锦鸡儿-糙隐子草群落（1.02g/cm³）（图4-12E）。

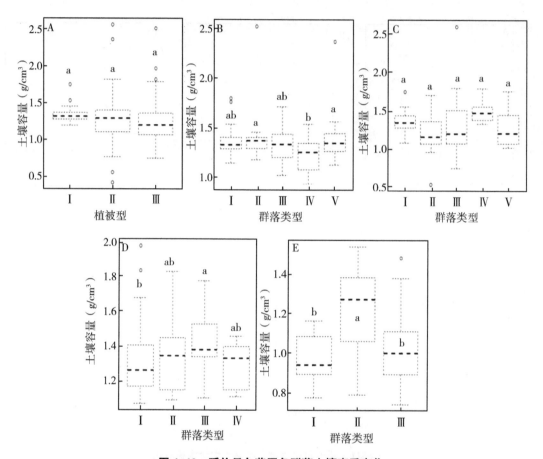

图4-12 呼伦贝尔草原各群落土壤容重变化
注：不同字母表示各群落间生物量差异显著性（$P=0.05$水平上）。

4.5.3 呼伦贝尔草原不同植物群落土壤pH值比较

3个植被类型中荒漠草原的土壤pH值（7.63）显著高于典型草原与草甸草原，而典型草原和草甸草原间土壤pH值差异不显著（图4-13A）；中蒙边界样带中（图4-13B），与土壤含水量和容重变化不同的是，碱韭-狭叶锦鸡儿群落和寸草薹-克氏针茅-糙隐子草群落的土壤pH值显著高于其他3种群落，其他3种群落间无显著差异；伊敏-呼伦湖样带各群落间土壤pH值的变化与土壤容重一致，即大针茅-羊草-草地早熟禾群落具有最高的pH值，而寸草薹-星毛委陵菜-羊草群落的最低（图4-13C）；海拉尔河南岸样带各群落土壤pH值变化为，羊草群落土壤pH值显著高于其他3种群落，冰草-星毛委陵菜-糙隐子草群落和脚薹草-贝加尔针茅群落，羊草群落与其他3种群落间无显著差异（图4-13D）；纳吉-黑山头样带各群落中脚薹草-草地早熟禾群落和寸草薹-羊草群落的土壤pH值显著高于寸草薹-小叶锦鸡儿-糙隐子草群落（图4-13E）。

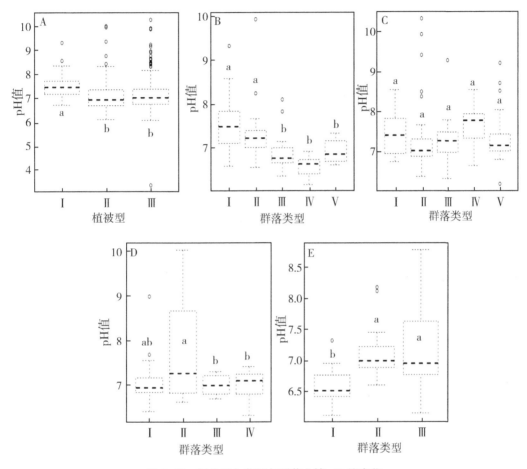

图4-13　呼伦贝尔草原各群落土壤pH值变化
注：不同字母表示各群落间生物量差异显著性（$P=0.05$水平上）。

4.5.4　呼伦贝尔草原不同植物群落土壤粒径组成比较

土壤机械组成也是反映土壤环境健康状况的重要标志。0~10cm土层中荒漠草原的黏粒含量要显著高于典型草原以及草甸草原，而粉粒含量却显著低于典型草原和草甸草原，砂粒含量显著高于草甸草原。10~20cm土层中3个植被类型土壤粒径变化与0~10cm土层相同。20~40cm土层中黏粒和粉粒的变化与上2个土层的变化相同，3个植被类型砂粒含量差异没有达到显著水平。只有典型草原土壤粒径在各土层间的差异达到显著水平，即0~10cm土层黏粒显著高于10~20cm土层，20~40cm土层与上2个土层间差异未达到显著水平。粉粒含量而言，0~10cm土层的显著低于20~40cm土层，10~20cm土层与上下2个土层间没有显著差异。砂粒则与粉粒含量呈相反变化（图4-

14A）。

中蒙边界样带中 0~10cm 土层各群落黏粒、粉粒和砂粒含量差异均不显著，且三者相差不大。10~20cm 土层中，碱韭-狭叶锦鸡儿群落和寸草薹-克氏针茅-糙隐子草群落的黏粒含量显著高于大针茅-冷蒿群落、脚薹草-羊草-冷蒿和冰草-脚薹草-糙隐子草群落，而大针茅-冷蒿群落、脚薹草-羊草-冷蒿和冰草-脚薹草-糙隐子草群落间差异性并未达到显著水平。粉粒含量变化与黏粒含量则不同，冰草-脚薹草-糙隐子草群落粉粒含量显著高于碱韭-狭叶锦鸡儿群落和寸草薹-克氏针茅-糙隐子草群落，大针茅-冷蒿群落的黏粒含量与其他 4 种群落均没有显著差异。20~40cm 土层中，也是碱韭-狭叶锦鸡儿群落和寸草薹-克氏针茅-糙隐子草群落的黏粒含量最高，其次为脚薹草-羊草-冷蒿，大针茅-冷蒿群落的黏粒含量最低。脚薹草-羊草-冷蒿群落和冰草-脚薹草-糙隐子草群落的黏粒含量显著高于碱韭-狭叶锦鸡儿群落和寸草薹-克氏针茅-糙隐子草群落，大针茅-冷蒿群落的黏粒含量与其他群落均无显著差异。黏粒含量最低，粉粒含量居中的大针茅-冷蒿群落的砂粒含量最高，碱韭-狭叶锦鸡儿群落和脚薹草-羊草-冷蒿群落的砂粒含量则显著低于其他 3 种群落，寸草薹-克氏针茅-糙隐子草群落和冰草-脚薹草-糙隐子草群落的砂粒含量跟其他的差异不显著（图 4-14B）。

伊敏-呼伦湖样带土壤粒径的变化特征为，0~10cm 土层中大针茅-寸草薹群落、冰草-羊草-大针茅群落和冰草-羊草-大针茅群落的黏含量显著高于寸草薹-星毛委陵菜-羊草群落，而大针茅-羊草-草地早熟禾群落的黏粒含量与其余 4 种群落没有显著含量。粉粒含量的变化与黏粒含量相反。砂粒含量变化为，大针茅-寸草薹群落的砂粒含量显著高于寸草薹-星毛委陵菜-羊草群落和大针茅-羊草-草地早熟禾群落，而大针茅-羊草-草地早熟禾群落砂粒含量显著低于其他 4 种群落，为 30.09%。10~20cm 土层中，各群落黏粒含量没有显著差异，变化范围为 26%~27%；粉粒含量和砂粒含量则有显著差异，具体如寸草薹-星毛委陵菜-羊草群落和大针茅-羊草-草地早熟禾群落粉粒含量显著高于大针茅-寸草薹群落和冰草-羊草-大针茅群落，而大针茅-寸草薹群落和冰草-羊草-大针茅群落间没有差异，大针茅-砂韭-羊草群落粉粒含量与其他 4 种群落均无显著差异。20~40cm 土层中，各群落黏粒含量差异没有达到显著水平，粉粒和砂粒的差异较大。寸草薹-星毛委陵菜-羊草群落和冰草-羊草-大针茅群落的粉粒含量显著高于大针茅-寸草薹群落，大针茅-羊草-草地早熟禾群落和大针茅-砂韭-羊草群落的粉粒含量与其他 3 种群落均无显著差异。砂粒含量的变化与粉粒含量近乎相反，不同的是冰草-羊草-大针茅群落的砂粒含量与其他 4 种群落间的差异没有达到显著水平（图 4-14C）。

海拉尔河南岸样带土壤粒径组成而言，0~10cm 土层中，寸草薹-二裂委陵菜群落、羊草群落和冰草-星毛委陵菜-糙隐子草群落黏粒含量显著高于脚薹草-贝加尔针茅群落，砂粒含量呈与之相反的变化，各群落间粉粒含量没有显著差异。10~20cm 和 20~40cm 土层中，各群落黏粒、粉粒和砂粒含量均没有显著差异（图 4-14D）。

纳吉-黑山头样带土壤粒径组成变化特征为，0~10cm 土层中，寸草薹-小叶锦鸡儿-糙隐子草群落的黏粒含量显著高于脚薹草-草地早熟禾群落，寸草薹-羊草群落的黏粒含量则与前两者没有显著差异；与黏粒含量相反，脚薹草-草地早熟禾群落的粉粒含

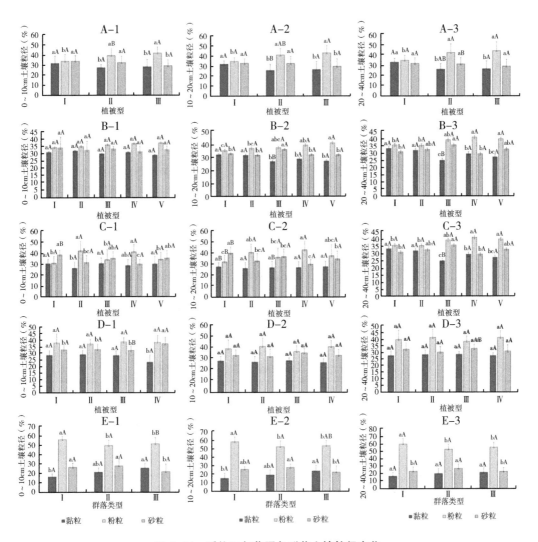

图 4-14 呼伦贝尔草原各群落土壤粒径变化

注：A-1，A-2，A-3 为呼伦贝尔草原各植被类型 0～10cm，10～20cm，20～40cm 土层的土壤粒径变化；B-1，B-2，B-3 为中蒙边界样带各群落类型 0～10cm，10～20cm，20～40cm 土层的土壤粒径变化；C-1，C-2，C-3 为伊敏-呼伦湖样带各群落类型 0～10cm，10～20cm，20～40cm 土层的土壤粒径变化；D-1，D-2，D-3 为海拉尔河南岸样带各群落类型 0～10cm，10～20cm，20～40cm 土层的土壤粒径变化；E-1，E-2，E-3 为纳吉-黑山头样带各群落类型 0～10cm，10～20cm，20～40cm 土层的土壤粒径变化。

量显著高于寸草薹-羊草群落和寸草薹-小叶锦鸡儿-糙隐子草群落；砂粒含量而言，脚薹草-草地早熟禾群落和寸草薹-羊草群落的砂粒含量显著高于寸草薹-小叶锦鸡儿-糙隐子草群落。10～20cm 土层中，除了脚薹草-草地早熟禾群落的砂粒与其余两种群落没有差异外，黏粒、粉粒的变化与 0～10cm 土层相同。20～40cm 土层中 3 种群落的黏粒含量没有显著差异，均较低；脚薹草-草地早熟禾群落的粉粒含量显著高于寸草薹-羊草群落和寸草薹-小叶锦鸡儿-糙隐子草群落；寸草薹-羊草群落的砂粒则显著高于脚薹草–草地早熟禾群落和寸草薹–小叶锦鸡儿–糙隐子草群落（图 4-14E）。

4.6　呼伦贝尔草原不同植物群落土壤化学特征比较

表 4-6 为呼伦贝尔草原各植被类型化学特征比较，从表 4-6 中可知，0~10cm 和 20~40cm 土层各植被类型间土壤全氮的变化一致，即草甸草原显著高于荒漠草原，典型草原与两者没有显著差异；10~20cm 土层中草甸草原全氮显著高于荒漠草原和典型草原。各植被类型不同土层间全氮含量变化均是 0~10cm 显著高于 10~20cm，10~20cm 显著高于 20~40cm。各植被类型全磷特征为，0~10cm 土层中荒漠草原显著高于典型草原，草甸草原与两者的差异没有达到显著水平；10~20cm 土层中荒漠草原和草甸草原全磷含量显著高于典型草原；20~40cm 土层中，荒漠草原的全磷含量要显著高于典型草原及草甸草原。在荒漠草原中，各土层全磷含量间没有显著性差异；典型草原中，0~10cm 土层全磷显著高于 10~20cm 和 20~40cm，而 10~20cm 和 20~40cm 间差异不显著；草甸草原中，0~10cm 显著高于 20~40cm 土层，而 10~20cm 土层与上下层土壤全磷差异不显著。各土层中荒漠草原、典型草原和草甸草原的有机质含量均没有显著差异，且同一植被型不同土层间差异也不显著。

表 4-6　呼伦贝尔草原各植被型土壤化学特征比较

土壤因子	I	II	III
TN1（%）	0.18±0.02bA	0.22±0.11abA	0.26±0.15aA
TN2（%）	0.15±0.02bB	0.17±0.07bB	0.21±0.09aB
TN3（%）	0.12±0.02bC	0.14±0.06abC	0.16±0.08aC
TP1（mg/g）	0.55±0.12aA	0.42±0.16bA	0.48±0.22abA
TP2（mg/g）	0.51±0.11aA	0.37±0.14bB	0.45±0.22aAB
TP3（mg/g）	0.48±0.18aA	0.36±0.17bB	0.39±0.18bB
ORG1（%）	3.24±0.34aA	3.64±1.72aA	3.99±2.01aA
ORG2（%）	2.86±0.68aB	2.68±1.09aB	2.94±1.40aB
ORG3（%）	2.18±0.45aC	2.21±1.19aC	2.39±1.17aC

注：大写字母表示不同土层间的差异，小写字母表示不同植被型间的差异（$P=0.05$ 水平上）。

中蒙边界样带各个群落土壤全氮、有机质、全磷随土层的加深，均呈逐渐减少趋势，表聚效应明显（表 4-7）。寸草薹–克氏针茅–糙隐子草群落、大针茅–冷蒿群落、脚薹草–羊草–冷蒿和冰草–脚薹草–糙隐子草群落同一元素不同土层间的变化相同，即全氮和有机质含量为 0~10cm 土层与 10~20cm 和 20~40cm 土层间均有显著差异，但 10~20cm 和 20~40cm 土层没有差异性；而碱韭–狭叶锦鸡儿群落同一元素不同土层间的变化与其余 4 个群落均不同，即 0~10cm 土层与 10~20cm 土层间有显著差异，20~40cm 土层又与 10~20cm 土层间有显著差异。碱韭–狭叶锦鸡儿群落、寸草薹–克氏针茅–糙隐子草群落、大针茅–冷蒿群落和脚薹草–羊草–冷蒿群落各土层间全磷含量没有显著差异，而冰草–脚薹草–糙隐子草群落的变化为 0~10cm 土层与 10~20cm 和 20~

40cm 土层间均有显著差异，但 10~20cm 和 20~40cm 土层没有差异性；对于同一土层不同群落间差异为，0~10cm 土层中，脚薹草-羊草-冷蒿和冰草-脚薹草-糙隐子草群落全氮含量显著高于寸草薹-克氏针茅-糙隐子草群落，而碱韭-狭叶锦鸡儿群落和大针茅-冷蒿群落与其他群落间没有显著差异；10~20cm 和 20~40cm 土层各群落的全氮含量均没有显著差异。有机质含量变化与全氮含量变化一致。而全磷含量与二者不同，0~10cm 土层中，碱韭-狭叶锦鸡儿群落全磷含量显著高于寸草薹-克氏针茅-糙隐子草群落和大针茅-冷蒿群落，脚薹草-羊草-冷蒿和冰草-脚薹草-糙隐子草群落与其他 3 种群落没有显著差异；10~20cm 土层中，碱韭-狭叶锦鸡儿群落全磷含量显著高于大针茅-冷蒿群落和冰草-脚薹草-糙隐子草群落，而寸草薹-克氏针茅-糙隐子草群落和脚薹草-羊草-冷蒿群落与其余三者没有显著差异；20~40cm 土层中，碱韭-狭叶锦鸡儿群落全磷含量显著高于大针茅-冷蒿群落，而寸草薹-克氏针茅-糙隐子草群落、脚薹草-羊草-冷蒿群落和冰草-脚薹草-糙隐子草群落与前两者没有显著差异。

表 4-7　呼伦贝尔草原中蒙边界样带各群落土壤化学特征比较

土壤因子	I	II	III	IV	V
TN1（%）	0.18±0.02abA	0.16±0.03bA	0.19±0.07abA	0.21±0.06aA	0.22±0.09aA
TN2（%）	0.16±0.03aB	0.13±0.03aB	0.14±0.03aB	0.15±0.03aB	0.16±0.07aB
TN3（%）	0.12±0.02aC	0.12±0.04aB	0.11±0.03aB	0.13±0.03aB	0.13±0.05aB
TP1（mg/g）	0.56±0.18aA	0.41±0.10bA	0.41±0.15bA	0.44±0.10abA	0.44±0.13abA
TP2（mg/g）	0.52±0.21aA	0.39±0.12abA	0.36±0.13bA	0.39±0.10abA	0.37±0.11bAB
TP3（mg/g）	0.4±0.178aA	0.4±0.16abA	0.33±0.14bA	0.3±0.10abA	0.34±0.11abB
ORG1（%）	1.89±0.22abA	1.76±0.38bA	2.04±0.92abA	2.30±0.98aA	2.42±1.17aA
ORG2（%）	1.54±0.42aB	1.48±0.42aAB	1.46±0.46aB	1.69±0.46aB	1.65±0.86aB
ORG3（%）	1.26±0.27aC	1.29±0.48aB	1.10±0.43aB	1.40±0.39aB	1.41±0.66aB

注：大写字母表示不同土层间的差异，小写字母表示不同植被型间的差异（$P=0.05$ 水平上）。

　　伊敏-呼伦湖样带不同土层土壤养分特征而言，随土层深度的加深，各个群落土壤全氮、有机质、全磷均逐渐降低，表聚效应明显（表 4-8）。大针茅-羊草-草地早熟禾群落和大针茅-砂韭-羊草群落同一元素不同土层间的变化相同，即全氮和有机质含量为 0~10cm 土层与 10~20cm 和 20~40cm 土层间均有显著差异，但 10~20cm 和 20~40cm 土层没有差异性；大针茅-寸草薹群落和寸草薹-星毛委陵菜-羊草群落全氮含量变化为 0~10cm 土层与 20~40cm 土层间有显著差异，10~20cm 与上下土层均没有显著差异。大针茅-寸草薹群落各土层间有机质含量差异不显著，而寸草薹-星毛委陵菜-羊草群落 0~10cm 土层有机质含量显著高于 10~20cm 和 20~40cm 土层，而 10~20cm 和 20~40cm 土层间没有显著差异。冰草-羊草-大针茅群落全氮含量各土层间没有显著差异；0~10cm 土层有机质显著高于 20~40cm 土层，10~20cm 与上下土层均没有显著差异。对于全磷含量，各群落各土层间均没有显著差异。对于同一元素不同群落间差异为，只有 0~10cm 土层寸草薹-星毛委陵菜-羊草群落的全氮含量显著高于大针茅-寸草薹群落和冰草–羊草–大针茅群落，而大针茅–羊草–草地早熟禾群落和大针茅–砂韭–羊草群落全氮含量与其他3个群落没有显著差异。其他各土层中不同群落间差异均不显著。

表4-8　呼伦贝尔草原伊敏–呼伦湖样带各群落土壤化学特征比较

土壤因子	I	II	III	IV	V
TN1（%）	0.16±0.05bA	0.23±0.13aA	0.17±0.07bA	0.19±0.03abA	0.18±0.05abA
TN2（%）	0.15±0.04aAB	0.18±0.11aAB	0.15±0.06aA	0.14±0.03aB	0.15±0.03aB
TN3（%）	0.13±0.06aB	0.14±0.09aB	0.13±0.06aA	0.12±0.04aB	0.14±0.04aB
TP1（mg/g）	0.33±0.10aA	0.41±0.20aA	0.34±0.12aA	0.38±0.07aA	0.40±0.12aA
TP2（mg/g）	0.31±0.09aA	0.37±0.20aA	0.34±0.14aA	0.32±0.05aA	0.40±0.14aA
TP3（mg/g）	0.3±0.148bA	0.34±0.18abA	0.33±0.11abA	0.37±0.09abA	0.44±0.22abA
ORG1（%）	1.70±0.72aA	2.38±1.20aA	1.80±1.17aA	1.94±0.36aA	1.74±0.56aA
ORG2（%）	1.42±0.48aA	1.75±0.92aB	1.43±0.75aAB	1.43±0.31aB	1.49±0.33aB
ORG3（%）	1.16±0.32aA	1.40±0.87aB	1.20±0.75aB	1.24±0.42aB	1.25±0.29aB

注：大写字母表示不同土层间的差异，小写字母表示不同植被型间的差异（$P=0.05$水平上）。

海拉尔河南岸样带中（表4-9），寸草薹–二裂委陵菜群落和羊草群落同一元素不同土层间的变化相同，0~10cm土层全氮和有机质含量与10~20cm和20~40cm土层间均有显著差异，但10~20cm和20~40cm土层没有差异性；全磷变化，只有0~10cm土层和20~40cm土层间有显著差异。冰草–星毛委陵菜–糙隐子草群落和脚薹草–贝加尔针茅群落的土壤养分变化也相同，即0~10cm土层全氮、全磷含量显著高于10~20cm和20~40cm土层，但10~20cm和20~40cm土层间没有显著差异；各个土层间有机质含量均有显著差异。不同群落间全氮和全磷含量差异均不显著，有机质含量的差异则达到显著水平。0~10cm土层中脚薹草–贝加尔针茅群落有机质显著高于寸草薹–二裂委陵菜群落、羊草群落和冰草–星毛委陵菜–糙隐子草群落。10~20cm和20~40cm土层各群落间差异不显著。

表4-9　呼伦贝尔草原海拉尔河南岸样带各群落土壤化学特征比较

土壤因子	I	II	III	IV
TN1（%）	0.22±0.11aA	0.22±0.15aA	0.20±0.05aA	0.23±0.11aA
TN2（%）	0.15±0.06aB	0.16±0.07aB	0.14±0.03aB	0.14±0.06aB
TN3（%）	0.12±0.05aB	0.13±0.09aB	0.10±0.03aB	0.09±0.04aB
TP1（mg/g）	0.39±0.15aA	0.38±0.16aA	0.38±0.09aA	0.37±0.17aA
TP2（mg/g）	0.35±0.12aAB	0.35±0.11aAB	0.28±0.06aB	0.31±0.16aB
TP3（mg/g）	0.29±.08aB	0.31±0.09aB	0.26±0.07aB	0.23±0.13aB

（续表）

土壤因子	I	II	III	IV
ORG1（%）	3.71±2.09bA	3.23±1.57bA	3.87±1.19bA	4.94±2.51aA
ORG2（%）	2.54±1.15aB	2.97±1.36aB	2.33±0.67aB	2.59±1.26aB
ORG3（%）	1.88±0.81aB	2.39±1.84aB	1.81±0.68aC	1.71±0.95aC

注：大写字母表示不同土层间的差异，小写字母表示不同植被型间的差异（$P=0.05$ 水平上）。

纳吉-黑山头样带中（表4-10），脚薹草-草地早熟禾群落、寸草薹-羊草群落和寸草薹-小叶锦鸡儿-糙隐子草群落不同土层间全氮和有机质的变化相同，0~10cm 土层的显著高于10~20cm 和20~40cm 土层，但10~20cm 和20~40cm 土层间差异不显著。脚薹草-草地早熟禾群落、寸草薹-羊草群落各土层全磷含量没有显著变化，寸草薹-小叶锦鸡儿-糙隐子草群落的0~10cm 土层全磷含量显著高于10~20cm 和20~40cm 土层，10~20cm 高于20~40cm 土层但没有达到显著水平。脚薹草-草地早熟禾群落和寸草薹-小叶锦鸡儿-糙隐子草群落3个土层的全氮含量均显著高于寸草薹-羊草群落。0~10cm 土层和10~20cm 土层中，脚薹草-草地早熟禾群落和寸草薹-小叶锦鸡儿-糙隐子草群落全磷含量显著高于寸草薹-羊草群落，20~40cm 土层中，脚薹草-草地早熟禾群落全磷含量显著高于寸草薹-小叶锦鸡儿-糙隐子草群落，寸草薹-小叶锦鸡儿-糙隐子草群落的显著高于寸草薹-羊草群落。各土层不同群落有机质的变化与全磷变化一致。

表4-10 呼伦贝尔草原纳吉-黑山头样带各群落土壤化学特征比较

土壤因子	I	II	III
TN1（%）	0.42±0.11aA	0.22±0.11bA	0.38±0.15aA
TN2（%）	0.28±0.07aB	0.16±0.08bB	0.27±0.09aB
TN3（%）	0.25±0.07aB	0.12±0.06bB	0.22±0.09aB
TP1（mg/g）	0.72±0.12aA	0.36±0.16bA	0.67±0.22aA
TP2（mg/g）	0.65±0.11aA	0.32±0.15bA	0.57±0.16aB
TP3（mg/g）	0.6±0.22aA	0.28±0.13cA	0.54±0.16bB
ORG1（%）	5.61±1.48aA	2.64±1.43bA	4.83±2.00aA
ORG2（%）	3.86±1.07aB	1.85±0.99bB	3.32±1.14aB
ORG3（%）	3.70±1.85aB	1.35±0.66cB	2.830±1.17bB

注：大写字母表示不同土层间的差异，小写字母表示不同植被型间的差异（$P=0.05$ 水平上）。

4.7 呼伦贝尔草原植物群落分布与影响因子关系

对呼伦贝尔草原330个样地群落分布与影响因子进行 CCA 排序，并依据前两个轴做出 CCA 的二维排序图（图4-15），从表4-11可知，前4个排序轴的特征值分别为

0.378 7、0.214 8、0.144 2和0.128 5，累积解释量为55.92%，说明研究中所选影响因子可较好地反映植物群落分布格局。由图4-15 和表4-12 中可知，土壤含水量、3 个土层黏粒、0~10cm 土层全氮、0~10cm 土层有机质、高程、放牧压力和 SPEI 等与第一、第二排序轴均呈负相关，土壤容重、0~10cm 土层和 10~20cm 土层砂粒、10~20cm 土层和 20~40cm 土层粉粒与第一、第二排序轴均呈正相关，0~10cm 土层、10~20cm 土层全磷和温度与第一排序轴呈正相关、与第二排序轴呈负相关，而降水量则与第一轴呈负相关，与第二排序轴呈正相关。其中降水量、20~40cm 粉粒、温度与第一排序轴的相关性最高，相关系数分别为 0.48、0.42 和 0.41，TNI、TP1、TP2 和 ORG1 与第二排序轴的相关性最高。

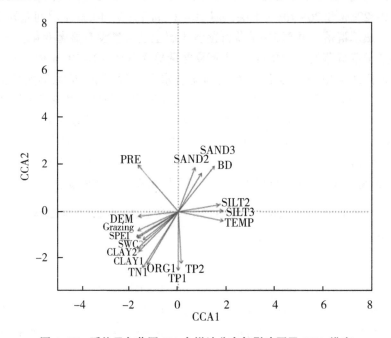

图 4-15 呼伦贝尔草原 330 个样地分布与影响因子 CCA 排序

表 4-11 呼伦贝尔草原 330 个样地 CCA 统计量

统计量	第一轴	第二轴	第三轴	第四轴
特征值	0.378 7	0.214 8	0.144 2	0.128 5
累积解释	0.244 5	0.383 2	0.476 2	0.559 2

表 4-12 呼伦贝尔草原 330 个样地影响因子与 CCA 前两轴的相关系数

影响因子	CCA1	CCA2	影响因子	CCA1	CCA2
SWC	−0.33 **	−0.25 **	TN1	−0.32 **	−0.47 **
BD	0.33 **	0.38 **	TP1	0.00	−0.53 **
CLAY1	−0.37 **	−0.36 **	TP2	0.02	−0.47 **

（续表）

影响因子	CCA1	CCA2	影响因子	CCA1	CCA2
SAND1	0.22**	0.33**	ORG1	−0.27**	−0.43**
SILT2	0.38**	0.06	DEM	−0.38**	−0.05
CLAY2	−0.38**	−0.33**	PRE	−0.48**	0.31**
SAND2	0.16**	0.39**	TEMP	0.41**	−0.10
SILT3	0.42**	0.02	SPEI	−0.37**	−0.18**
CLAY3	−0.40**	−0.27**	GRAZING	−0.37**	−0.16**

注：** 表示在 0.01 水平上差异显著。

从表4-13可知，中蒙边界样带中各植物群落与影响因子前4个排序轴的特征值分别为0.604 2、0.269 2、0.177 7和0.138 1，累积解释量为70.37%。由表4-14中可知，15个影响因子与中蒙边界样带物种组成具有极显著相关性。其中 pH 值、10~20cm 和 20~40cm 土层粉粒、10~20cm 和 20~40cm 土层全磷和温度与第一排序轴呈负相关关系，其余9个因子与第一轴呈正相关，相关系数最高的4个因子有高程（0.87）、温度（0.84）、SPEI（0.70）和放牧压力（0.62）。第二排序轴与 10~20cm 和 20~40cm 土层黏粒、高程、降水量、温度和 SPEI 呈正相关性，其中降水量的相关系数最高，为0.59。

表4-13 呼伦贝尔草原中蒙边界样带样地 CCA 统计量

统计量	第一轴	第二轴	第三轴	第四轴
特征值	0.604 2	0.269 2	0.177 7	0.138 1
累积解释	0.357 5	0.516 8	0.622 0	0.703 7

表4-14 呼伦贝尔草原中蒙边界样带影响因子与 CCA 前两轴的相关系数

影响因子	CCA1	CCA2	影响因子	CCA1	CCA2
SWC	0.55**	−0.15	TN1	0.41**	−0.19
pH 值	−0.55**	−0.29**	TP2	−0.14	−0.36**
SILT2	−0.40**	−0.25*	TP3	−0.17	−0.37**
CLAY2	0.38**	0.20	ORG1	0.48**	−0.15
SILT3	−0.42**	−0.40**	PRE	0.55**	0.59**
CLAY3	0.53**	0.17	TEMP	−0.84**	0.03
DEM	0.87**	0.17	SPEI	0.70**	0.17
GRAZING	0.62**	−0.59**			

注：** 表示在 0.01 水平上差异显著。

从表 4-15 可知，伊敏-呼伦湖样带中各植物群落与影响因子前 4 个排序轴的特征值分别为 0.315 4、0.189 5、0.179 5 和 0.147 9，累积解释量为 62.67%。由彩图 8 和表 4-16 可知，10 个影响因子中，除了土壤容重外其余 9 个影响因子与第一排序轴呈正相关，相关系数从大到小分别为 ORG2（0.77）>ORG3（0.68）>ORG1（0.63）>TN1（0.62）>TP1（0.55）>SPEI（0.27）>CLAY1（0.18）>TEMP（0.02）。ORG2、ORG3、ORG1、TN1、CLAY1 和 TEMP 与第二排序轴也呈正相关关系，其中 CLAY1 和 TEMP 的相关系数最高，分别为 0.57 和 0.48，土壤容重、SPEI、TP1 和 TN3 与第二排呈负相关关系，SPEI 的相关系数最高，为 0.42。综合而言，土壤养分和环境温度是影响伊敏-呼伦湖样带植被分布格局的主要影响因子。

表 4-15　呼伦贝尔草原伊敏-呼伦湖样带样地 CCA 统计量

统计量	第一轴	第二轴	第三轴	第四轴
特征值	0.315 4	0.189 5	0.179 5	0.147 9
累积解释	0.237 5	0.380 2	0.515 3	0.626 7

表 4-16　呼伦贝尔草原伊敏-呼伦湖样带影响因子与 CCA 前两轴的相关系数

影响因子	CCA1	CCA2	影响因子	CCA1	CCA2
BD	−0.32 **	−0.28 **	TN1	0.62 **	0.20 *
CLAY1	0.18	0.57 **	TN3	0.53 **	−0.22 *
TEMP	0.02	0.46 **	ORG1	0.63 **	0.21 *
SPEI	0.27 **	−0.42 **	ORG2	0.77 **	0.10
TP1	0.55 **	−0.11	ORG3	0.68 **	0.06

注：* 表示在 0.05 水平上差异显著；** 表示在 0.01 水平上差异显著。

呼伦贝尔海拉尔河南岸样带植被分布与影响因子 CCA 排序图如彩图 9 所示。由表 4-18 可知，9 个因子对海拉尔河南岸样带植物物种组成有显著或极显著影响。9 个影响因子均与第一排序轴呈正相关关系，与第二排序轴呈负相关关系，其中 20~40cm 土层的全氮和有机质含量与第一排序轴的相关性最高，10~20cm 土层全氮、全磷和有机质含量、pH 值与第二排序轴的相关性最高。

表 4-17　呼伦贝尔草原海拉尔河南岸样带样地 CCA 统计量

统计量	第一轴	第二轴	第三轴	第四轴
特征值	0.56 5	0.363 8	0.238 5	0.223 4
累积解释	0.29 9	0.491 6	0.617 8	0.736 0

表 4-18　呼伦贝尔草原海拉尔河南岸样带样地分布与影响因子 CCA 排序

影响因子	CCA1	CCA2	影响因子	CCA1	CCA2
pH 值	0.39**	−0.56**	TP1	0.22	−0.41**
TN1	0.30*	−0.42*	TP2	0.1	−0.59**
TN2	0.16	−0.60**	TP3	0.46**	−0.35**
TN3	0.77**	0	ORG2	0.12	−0.58**
			ORG3	0.78**	−0.04

注：* 表示在 0.05 水平上差异显著；** 表示在 0.01 水平上差异显著。

由表 4-19 可知，CCA 前 4 个轴共解释呼伦贝尔草原纳吉-黑山头样带植物分布格局的 77.42%。从彩图 10 和表 4-20 可看出，9 个影响因子中除了温度和 SPEI 外，其余 7 个因子均与第一排序轴呈负相关性；第二排序轴则与除温度外的其他 8 个因子呈正相关，相关系数均在 0.50 以上，从大到小的排序为高程＞干旱指数＞放牧压力＞温度＞降水量＞10~20cm 土层全磷＞20~40cm 土层全磷＞20~40cm 土层全氮＞0~10cm 土层有机质，相关系数分别为 0.80、0.80、0.74、0.69、0.64、0.61、0.59、0.53 和 0.51。

表 4-19　呼伦贝尔草原纳吉-黑山头样带样地 CCA 统计量

统计量	第一轴	第二轴	第三轴	第四轴
特征值	0.398 4	0.281 3	0.149 5	0.104 1
累积解释	0.330 5	0.563 9	0.687 9	0.774 2

表 4-20　呼伦贝尔草原纳吉-黑山头样带影响因子与 CCA 前两轴的相关系数

影响因子	CCA1	CCA2	影响因子	CCA1	CCA2
DEM	−0.19	0.80**	TN3	−0.24	0.53**
PRE	−0.37**	0.64**	TP2	−0.11	0.61**
TEMP	0.17	−0.69**	TP3	−0.10	0.59**
SPEI	0.02	0.80**	ORG1	−0.20	0.51**
GRAZING	−0.06	0.74**			

注：** 表示在 0.01 水平上差异显著。

4.8　讨论

4.8.1　呼伦贝尔草原群落分类

植被分类是以植物群落本身特征为依据对某一区域的植被进行分类的一种方法，是植物学家开展植被研究最重要和最基础的方法（马全林等，2019）。在呼伦贝尔草原样地中，典型草原样地占绝大部分，且 NMDS 排序图中，典型草原与荒漠草原及草甸草原整体上相对独立，但与荒漠草原和草甸草原均有部分重叠，这充分说明了典型草原群落在呼伦贝尔草原区的地带性分布特征（中国科学院内蒙古宁夏综合考察队，1985），但物种组成与荒漠草原及草甸草原间存在一定差异，植被类型分异现象比较明显。荒漠草原群落中样地 82 和 84 处于低洼地，水分较其他样地多，群落类型为寸草薹+碱韭+狭叶锦鸡儿，本应属于典型草原群落但其次优势种碱韭是荒漠草原的植物群落优势种，且样地内其他物种组成与荒漠草原群落物种组成相似，因此与荒漠草原群落聚成一团。此外，样地 88 的群落类型为碱韭-寸草薹-糙隐子草，本应属于荒漠草原，但被划为典型草原类型。究其原因，该样地处于典型草原到荒漠草原过渡地区，降水量较东部的典型草原低，且其利用方式为未围封的公共放牧地，草地退化显著，适合碱韭等耐旱型植物的生存，从而碱韭成为优势种，据此，我们将其确定为荒漠草原（中国植被编辑委员会，1980），但样地内其他物种组成与典型草原群落物种组成极其相似，因此通过排序的方法被划入了典型草原群落。被划为草甸草原一些样地，例如中蒙边界样带的 4，5，6，7，9，11，12，13，17，18，19，20，23，25，27，28，33，34，35，36，38，39，40，41 等样地群落类型为大针茅-冷蒿-寸草薹，大针茅-糙隐子草-冰草，大针茅-冷蒿-冰草，冰草-寸草薹-冷蒿，属于典型草原群落（中国植被编辑委员会，1980），与草甸草原样地混在一起，表明两者之间的分界并不明显，在降水的驱动下群落的结构组成会在两者之间持续波动，而这种波动很大程度上可能是典型草原的优势种在气候变化和人为活动影响下向草甸草原东扩的结果。此外，荒漠草原与草甸草原分离较为明显，表明两个群落物种组成差异较大。荒漠草原群落中的样地 67 和样地 94 从其优势种红柴胡（*Bupleurum scorzonerifolium*）来看，本该划分为草甸草原，但从实地调查所记录的地理位置上看，其处于荒漠草原区，其原因是在荒漠草原带状分布的低洼地带具有较好的水热条件，为这些非地带性植被类型提供了良好的生境，因此形成了荒漠草原中镶嵌的草甸草原群落。

呼伦贝尔草原不同区域的植物群落有所不同，中蒙边界样带可分为碱韭-狭叶锦鸡儿、寸草薹-克氏针茅-糙隐子草群落、大针茅-冷蒿群落、脚薹草-羊草-冷蒿、冰草-脚薹草-糙隐子草群落 5 类；伊敏-呼伦湖样带分为大针茅-寸草薹群落（寸草薹-星毛委陵菜-羊草群落、冰草-羊草-大针茅群落、大针茅-羊草-草地早熟禾群落、大针茅-砂韭-羊草群落 5 类；海拉尔河南岸样带分为寸草薹-二裂委陵菜群落、羊草群落、冰草-星毛委陵菜-糙隐子草群落和脚薹草-贝加尔针茅群落等 4 类；纳吉-黑山头样带分为脚薹草-草地早熟禾群落、寸草薹-羊草群落和寸草薹-小叶锦鸡儿-糙隐子草群落3 类，共计 17 个群落类型，与此前陈宝瑞等在大兴安岭西簏开展调查发现的贝加尔针茅+脚薹草、贝加尔针茅+线叶菊、脚薹草+贝加尔针茅、线叶菊+贝加尔针茅、线叶菊+脚薹草、地榆+裂叶蒿和裂叶蒿+黄花菜等群落类型（陈宝瑞等，2008）的研究结果不一致，其主要原因在于研究区域不同，陈宝瑞等的研究区位于大兴安岭西簏，北纬 49°27′25″~49°31′40″，东经 120°3′22″~120°14′58″，地形起伏较大，有利于线叶菊（*Filifolium sibiricum*）等丘陵上部优势种的生长，且水分条件较好，地榆（*Sanguisorba* officinalis）等对水分要求较高物种成为优势种，另外，土壤养分较高适合贝加尔针茅等草甸草原建群种的生长，而本研究区各样带的土壤特征格局、地形等因子与前者不同，地势较为平坦，土壤养分较贫瘠导致两个研究区群落类型不同。

4.8.2 植物群落多样性排序

生物多样性是表现不同植物群落在内部分布规律、生态功能方面差异的外部表现形式，也可反映一个地区生态过程和生态系统的完整性，对于不同的自然环境中群落之间的相互关系具有指示意义（Haq et al.，2010；刘冠成等，2018）。测量生物多样性是生态学研究中的一项重要任务。前人对于群落生物多样性的描述大多是基于一个或多个一维的多样性指数（Bhandari et al.，2015；Cowles et al.，2016；王健铭等，2016），但植物群落是个多维的实体，当使用单一指标描述生物多样性难以全面表达群落生物多样性信息（TÓthmérész，1995）。因此整合了多种多样性指数的排序工具应运而生，其结果可以更为全面地反映群落的多样性状况（LÖvei，2005），其中Rényi多样性曲线因其在不同尺度参数下直观地反映植物的丰富度指数、Shannon指数、Simpson指数和Berger-Parker指数而成为首选的多样性排序工具（Rényi，1961；TÓthmérész，1995），已被广泛用于分析林下灌草层多样性（孙志强等，2012、转基因作物对生物多样性的影响（LÖvei，2005）、转基因棉对土壤无脊椎动物群落的影响（郭建英等，2009）以及不同干扰对线虫入侵松林内物种多样性的影响（石娟等，2007）等方面。从各群落多样性排序结果可知，以中蒙边界样带群落为例，碱韭-狭叶锦鸡儿群落和脚薹草-羊草-冷蒿群落多样性低于大针茅-冷蒿群落和寸草薹-克氏针茅-糙隐子草群落，是因为碱韭-狭叶锦鸡儿群落是荒漠草原群落，群落所处环境pH值较高有关，pH值过高会阻碍植物对微量元素的吸收，影响土壤养分的有效性从而影响物种生长，这与刘冠成等得出的结论一致（刘冠成等，2018）。脚薹草-羊草-冷蒿群落中优势种的优势作用显著，加之群落内对资源的竞争导致其他物种少，群落多样性低，本研究所得结论与野外调查实际情况相一致，表明此多样性排序是可靠的，可运用于生态学研究中。

4.8.3 植物群落分布与影响因子关系

环境因子对植物群落的分布具有重要影响，分析植物群落分布及其影响因子是生态学研究的重要课题之一。本研究结果表明，不同样带植被分布格局的影响因子有所不同，在中蒙边界样带中，植物物种组成主要受高程、年均温度、SPEI、降水量和放牧压力等因子的调控；SPEI、全氮、全磷和有机质与伊敏-呼伦湖样带的植被分布格局有关；土壤养分和pH值影响了海拉尔河南岸样带的植被分布；高程、SPEI、放牧压力、温度、降水10~20cm土层全磷、20~40cm土层全氮、全磷调控纳吉-黑山头样带的植被分布格局。这与乌兰布和沙漠（马全林等，2019）、准格尔盆地（赵从举等，2011）、新疆地区（魏晓雪等，2007；臧润国等，2010）、阿拉善地区（何明珠等，2010）、浑善达克沙地（刘海江，郭柯，2003；余伟莅等，2008）、科尔沁沙地（周欣等，2015；曹文梅等，2017）等地区植被分布格局及其环境因子间关系时得出的结论一致。温度、降水、SPEI 和放牧压力的影响已在第 3 章进行了分析，在此不再赘述。海拔综合反映降水、温度、光照条件的变化，调控水肥和太阳辐射的空间载分配，代表着水分、养分、光照等因素的生态梯度变化（刘康等，2005；Sun et al., 2006；刘宏文等，2014）。在干旱及半干旱区，水分是影响植被分布与变化的最主要，最敏感因素，其微小的变化均会引起植被群落响应，这与前人在敦煌、稀树草原等干旱区得到的研究结果一致（Maitane et al., 2016；Singh et al., 2017；赵鹏等，2018）。氮是植物生长发育所需的大量微量元素，同时也是植物从土壤中吸收量最大的矿质元素（Bedford et al., 1999；Espinar et al., 2011）。植物根系分泌物和植物残体通过向土壤提供碳、氮元素来影响土壤氮的输入，并且改变土壤性质（杨丽霞等，2014）。植物的氮素循环是生态系统的重要功能过程，土壤有机质积累与分解作用的相对强度对土壤全氮含量有重要影响作用，植物在获取充分的氮素供应时，同时也增加了对磷、钾、钙的吸收（Sabine et al., 2004）；当植物缺少氮含量时，土壤中的氮可以通过影响植物生长过程来影响土壤有机质的输入，直接对有机质矿化产生影响（Verhoeven et al., 1996）。本研究将土壤氮、磷、有机质分成 0~10cm、10~20cm 和 20~40cm 来讨论。土壤全氮、全磷和有机质等养分均是随着土壤深度的增加逐渐降低，表聚现象显著，这是因为表层土壤受枯落物分解，养分归还的影响较大，养分总是首先在表层聚集，然后再逐渐向下层迁移（闫俊华等，2010；闫俊华等，2017），且因为有机质是氮素的来源，而氮素的聚集又增加土壤磷的吸收，因此 3 种因素变化趋势一致（杨丽霞等，2014）。研究表明深层土壤（20~40cm）养分对植被群落分布影响最大，这与张林静等对绿洲-荒漠过渡带的物种多样性与环境因子之间关系研究时得到的物种多样性与深层土壤全氮与有机质含量具有极显著相关的结论一致（张林静等，2002）。这可能与研究区糙隐子草、冰草、洽草、大针茅、羊草、二裂委陵菜等建群种、次优势种或主要伴生种植物的根系均长于 20cm，在 20cm 以下土层分布有关（王旭峰等，2013；宋彦涛等，2015；金净等，2017）。根系长度对植物水分与养分的吸收有决定性作用，其长度越长，表明根具有更强的拓展能力，其利用土壤中水分、养分的空间越大。根长与根尖数、叉分数等极显著相关，根尖是根系生理活动最活跃的部分，对根系吸收水分、养分等起重要作用；根系分叉数量与根在土壤中的分布范围有关，分叉数量越多，其分布空间范围越大，对根系吸收代谢及固土蓄水能力越有利（范国艳等，2010；宋彦涛等，2015；金净等，2017）。

土壤因子、地形因子、气候因子以及人为干扰（本研究中放牧压力）对于群落分布格局的解释力因研究区域的不同而有所不同，中蒙边界样带、伊敏-呼伦湖样带、海拉尔河南岸样带和纳吉-黑山头样带 CCA 的前两轴分别解释分别能解释 70.37%、62.67%、73.60% 和 77.42%。这与陈宝瑞等呼伦贝尔草原得到的土壤因子和地形因子可解释物种变化的 25.28%，而其余的 74.42% 的部分不能用土壤和地形因子来解释的结论有所不同（陈宝瑞等，2010），这可能与本研究中所选因子较前者多，解释力较高有关。但仍有一部分是不可解释的，这可能是因为生态系统是多种因子相互耦合的复杂综合体，研究中只考虑了几个土壤因子和海拔、坡度、坡向 3 个地形因子，温度、降水和 SPEI 等气候因子和放牧活动，并没有考虑到土壤环境中的其他影响因子（罗建川等，2018）、研究区内的水文状况（郭连发等，2017）、历史土地利用方式（王治良等，

2015）、人为干扰（栗忠飞等，2016）等因素以及景观尺度上的潜在影响因子（宋彦涛等，2016）对群落分布的影响。

4.9 小结

第一，呼伦贝尔草原所有样地共调查到 196 种植物，隶属于 43 科，122 属，水分生态类型以中生植物为主，生活型以多年生草本植物为主，充分说明了呼伦贝尔草原在我国北方草原中水分条件的优越性；样带水平上分析发现，四条样带的生活型谱基本一致，均是以多年生草本植物为主，而水分生态类型的差异较大，其中纳吉-黑山头样带位于研究区最北部，接近大兴安岭，水分条件最为优越，所以其中生植物比例明显高于其他三条样地，而中蒙边界样带位于最南侧，临近蒙古国东方省荒漠草原，水分条件较差，因此旱生植物占主要优势。

第二，按照指示种分析法将 330 个样地划分为荒漠草原、典型草原和草甸草原 3 个植被类型，17 个群落类型。从无度量多维排序法和非参数相似性百分比分析可知，荒漠草原与典型草原间形成明显的分异，典型草原的优势种出现东扩的趋势，进入了本该是草甸草原分布的区域，一定程度上反映了草甸草原向典型草原转变的趋势。

第三，由群落分布与影响因子排序结果可知，对于整个呼伦贝尔草原，降水、温度、高程、放牧和土壤理化特征等，共解释植被分布格局的 55.92%，其中降水量是驱动呼伦贝尔草原植被分布格局的主导因子；高程、温度、SPEI 和放牧压力是影响研究区西部中蒙边界样带的主导因子；土壤有机质含量、土壤黏粒含量、SPEI 和温度是影响研究区中部伊敏-呼伦湖样带的主导因子；土壤养分、土壤全氮和土壤 pH 值为影响研究中北部海拉尔河南岸样带的主导因子；高程、温度、放牧和 SPEI 为影响研究区北部纳吉-黑山头样带的主导因子。

5 基于饮水点的植被特征变化及其影响因子分析

5.1 饮水点位于牧场不同位置情况下群落特征的变化

5.1.1 饮水点位于牧场东边位置情况下群落特征的变化

5.1.1.1 饮水点位于牧场东边位置情况下群落特征随取样距离的变化

饮水点位于牧场东边位置时（图5-1），随着离饮水点距离的增加群落高度和地下生物量没有显著差异，而群落盖度、地上生物量差异显著。其中群落高度和地上生物量呈相同的变化趋势，即从0m处逐渐增加，在100m处达到最大值而后减少。群落高度由0m处的16.24cm逐渐增加到100m处的19.72cm，之后又减少到200m处的16.36cm，地上生物量则由0m处的57.34g/0.25m² 增加到100m处的71.78g/0.25m²，而后又降到最低值，即200m处的44.64g/0.25m²。地下生物量随取样距离的变化趋势与前二者相同，但是最大值出现在50m处，随后逐渐降低。群落盖度的变化趋势与群落高度、地上生物量和地下生物量不同，随着离饮水点距离的增加逐渐减少，0m处和20m处的群落盖度显著高于50m和100m处，且又显著高于200m处（46.10%）。

5.1.1.2 饮水点位于牧场东边位置情况下不同取样方向群落特征的变化

饮水点位于东边位置情况下，各个取样方向上的群落特征变化均不相同（图5-2）。具体为，取样方向为225°和247.5°时群落高度显著高于157.5°和180°，而与135°、202.5°、270°和292.5°的差异不显著。对于群落盖度而言，135°和225°的群落盖度均为62.01%，高于其他6个取样方向，但差异性并没有达到显著水平。各个取样方向上地上生物量和地下生物量的变化特征不相同，各取样方向的地下生物量的变化较地上生物量明显，180°时地下生物量为108.71g/0.25m²，显著高于其他取样方向，而地上生物量为59.52g/0.25m²，低于其他方向。135°和270°时的地下生物量显著低于其他方向，分别为73.87g/0.25m² 和73.39g/0.25m²，所对应的地上生物量分别为54.72g/0.25m² 和60.54g/0.25m²，与其他方向没有显著差异。

从表5-1所知，取样距离对地上生物量具有显著影响（$F=31.45$，$P<0.001$），而取样方向对于群落高度有显著作用（$F=7.43$，$P=0.01$），地下生物量则受距离和取样方向两者交互作用的影响（$F=5.70$，$P=0.02$），单个因子对其影响没有达到显著水平。

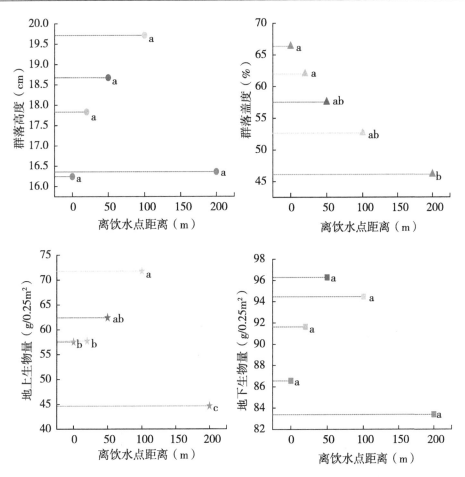

图 5-1　饮水点位于牧场东边位置情况下群落特征随取样距离的变化

注：小写字母表示不同取样距离间的差异，相同字母表示差异不显著，不同字母表示差异显著（$P = 0.05$ 水平上）

5.1.2　饮水点位于牧场西边位置情况下群落特征的变化

5.1.2.1　饮水点位于牧场西边位置情况下群落特征随取样距离的变化

与饮水点位于东边位置情况不同，饮水点位于西边位置情况下（图 5-3），群落高度和地上生物量随取样距离的增加呈逐渐增加的变化趋势，而群落盖度呈逐渐减少趋势。饮水点附近的平均群落高度为 12.09cm，显著低于 200m 处的平均群落高度（17.13cm），50m、100m 和 200m 处的平均群落高度分别为 15.31cm、15.21cm 和 15.81cm，但上述三者没有显著差异。群落盖度从 0m 处的 64.59% 降低到 200m 处的57.47%；地上生物量从 0m 处的 60.24g/0.25m²，增加到 100m 处的 73.06g/0.25m²，后又低到 200m 处的 57.25g/0.25m²；地下生物量在离饮水点 100m 处取最大值，为130.37g/0.25m²，显著高于 200m 处（93.65g/0.25m²），而 50m、100m 和 200m 处的地下生物量介于两者间，差异没有达到显著水平。

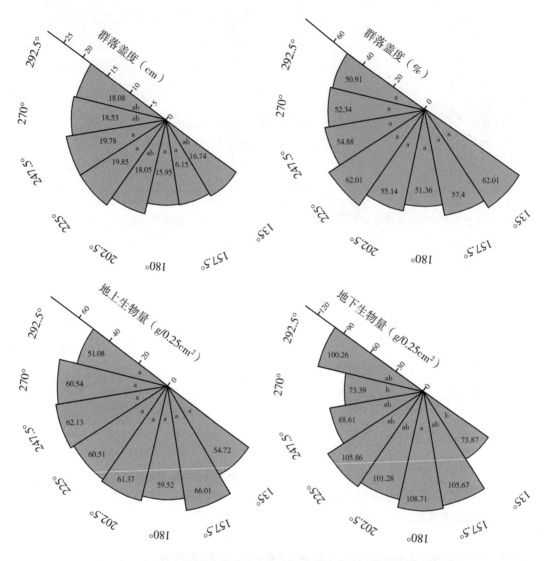

图 5-2　饮水点位于牧场东边位置情况下不同取样方向群落特征的变化

表 5-1　饮水点位于牧场东边位置情况下不同取样距离与方向对群落特征的影响（自由度＝1）

群落特征	影响因子		
	距离	方向	距离×方向
群落高度（cm）	0.16	7.43*	0.05
群落盖度（%）	4.02*	3.23	0.2
地上生物量（g/0.25m²）	31.45**	0.98	0.33
地下生物量（g/0.25m²）	1.79	0.06	5.70*

﹡表示在 0.05 水平上差异显著；﹡﹡表示在 0.01 水平上差异显著。

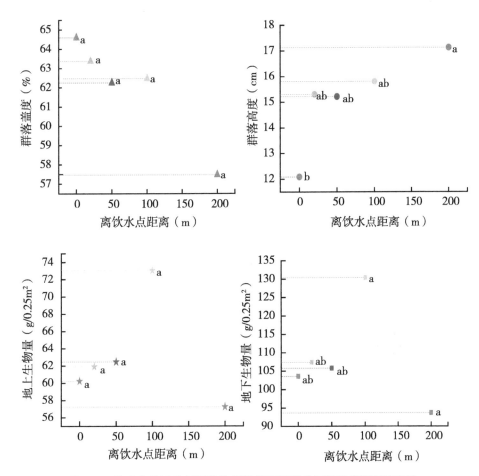

图5-3 饮水点位于牧场西边位置情况下群落特征随取样距离的变化

注：小写字母表示不同取样距离间的差异，相同字母表示差异不显著，不同字母表示差异显著（$P=0.05$水平上）。

5.1.2.2 饮水点位于牧场西边位置情况下不同取样方向群落特征的变化

饮水点位于牧场西边位置时，除地上生物量外，地下生物量、群落高度、盖度在各个取样方向间均有显著差异（图5-4）。45°时群落高度最高，平均为17.27cm，337.5°时最低，仅为13.05cm。随着取样方向角度的变大群落盖度变化呈近似"钟型"，即随着取样方向度数的变大，群落盖度逐渐变大，67.5°时达到最大值（71.17%），而后逐渐降低，到315和337.5时显著低于其他方向，分别为56.78%和52.77%；各个取样方向的地上生物量高低不一，67.5°和90°时最高，为65.87g/0.25 m²和69.59g/0.25 m²，而315°时最低（59.66g/0.25 m²）。对于地下生物量，22.5° 时最高（136.22g/0.25m²），45°、67.5°、90°和337.5°时显著低于其他方向，分别为91.23g/0.25 m²、91.11g/0.25 m²、92.24g/0.25 m²和86.08g/0.25 m²，337.5°时最低，与22.5°相比少50.14g/0.25 m²。

表5-2可知，饮水点位于牧场西边位置情况下，取样距离对于群落高度的影响显著（$F=14.66$，$P=0.02$），对于群落盖度，距离和取样方向均具有显著影响（距离，$F=$

4.26，$P=0.04$；方向，$F=5.15$，$P=0.02$）。地上生物量和地下生物量随着距离和方向上的变化均不显著。

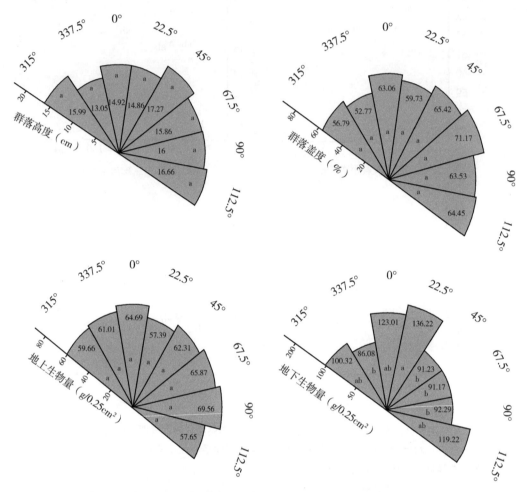

图 5-4　饮水点位于牧场西边位置情况下不同取样方向群落特征的变化

注：小写字母表示不同取样方向间的差异，相同字母表示差异不显著，不同字母表示差异显著（$P=0.05$ 水平上）。

表 5-2　饮水点位于牧场西边位置情况下不同取样距离与方向对群落特征的影响（自由度=1）

群落特征	影响因子		
	距离	方向	距离×方向
群落高度（cm）	14.66**	1.88	0.26
群落盖度（%）	4.26*	5.15*	0.52
地上生物量（g/0.25m²）	2.14	0.34	0.09
地下生物量（g/0.25m²）	0	2.92	0.63

注：* 表示在 0.05 水平上差异显著；** 表示在 0.01 水平上差异显著。

5.1.3 饮水点位于牧场南边位置情况下群落特征的变化

5.1.3.1 饮水点位于牧场南边位置情况下群落特征随取样距离的变化

饮水点位于牧场南边位置情况下，随着取样距离增加，群落高度、群落盖度、地上生物量、地下生物量均呈先增加后减少趋势（图5-5），其中群落高度从0m处的11.33cm，逐渐增加到13.08cm（100m处）后又减少，而群落盖度、地上生物量和地下生物量均在20m处取最大值后逐渐减少，在200m处取最小值。群落盖度变化范围为55.00% ~ 65.87%，变异范围为3.48% ~ 18.38%；地上生物量变化范围为50.79 ~ 61.66g/0.25 m²，变异范围为7.49% ~ 19.74%。地下生物量在20m处的值为109.76g/0.25 m²，显著高于200m处，0m、50m和100m的地下生物量居于两者之间，差异没有达到显著性标准。

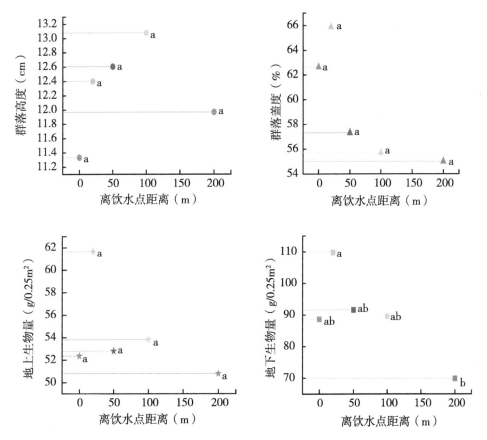

图5-5 饮水点位于牧场南边位置情况下群落特征随取样距离的变化

注：小写字母表示不同取样距离间的差异，相同字母表示差异不显著，不同字母表示差异显著（$P = 0.05$水平上）。

5.1.3.2 饮水点位于牧场南边位置情况下不同取样方向群落特征的变化

饮水点位于南边位置时，各取样方向的群落盖度和地上生物量没有显著差异，群落高度和地下生物量差异较显著（图 5 - 6）。0°（13.54cm）、22.5°（13.39cm）和337.5°（13.44cm）的群落高度显著高于 292.5°（10.60cm）和 67.5°（10.27cm）。群落盖度和地上生物量分别在 315°和 292.5°时最高，337.5°和 0°时最低，与其他取样方向的差异没有达到显著水平。各取样方向地下生物量而言，315°的（111.58g/0.25m²）显著高于 45°（73.36g/0.25m²）和 292.5°（70.46g/0.25m²），其余 6 个取样方向的地下生物量介于此 3 个取样方向间且差异性没有达到显著水平。

从表 5 - 3 可知，群落特征中只有群落盖度受距离的影响显著（$F = 6.74$，$P = 0.02$），其余特征均不受距离和取样方向的影响。

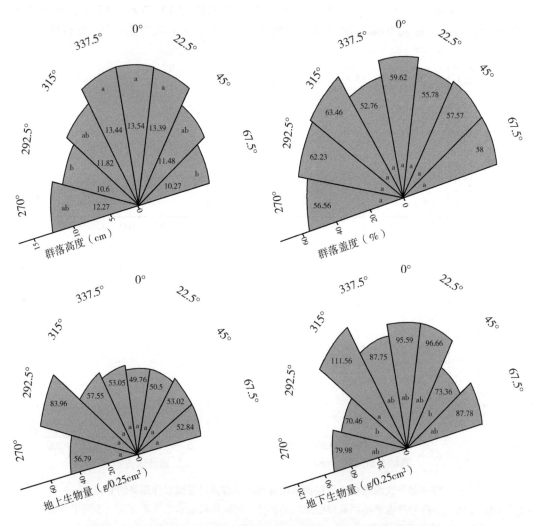

图 5-6　饮水点位于牧场南边位置情况下不同取样方向群落特征的变化

注：小写字母表示不同取样方向间的差异，相同字母表示差异不显著，不同字母表示差异显著（$P = 0.05$ 水平上）。

表5-3　饮水点位于牧场南边位置情况下不同取样距离与方向对群落特征的影响（自由度=1）

群落特征	影响因子		
	距离	方向	距离×方向
群落高度（cm）	0.16	2.65	0.08
群落盖度（%）	6.74*	0.79	0.47
地上生物量（g/0.25m²）	1.41	0.84	0.19
地下生物量（g/0.25m²）	0.15	0.07	0.21

注：＊表示在0.05水平上差异显著。

5.1.4　饮水点位于牧场北边位置情况下群落特征的变化

5.1.4.1　饮水点位于牧场北边位置情况下群落特征随取样距离的变化

饮水点位于牧场北边位置情况下（图5-7），群落高度随着取样距离增加逐渐增加，200m处的群落高度显著高于20m和0m。群落盖度则在0m和20m处取最大值，高

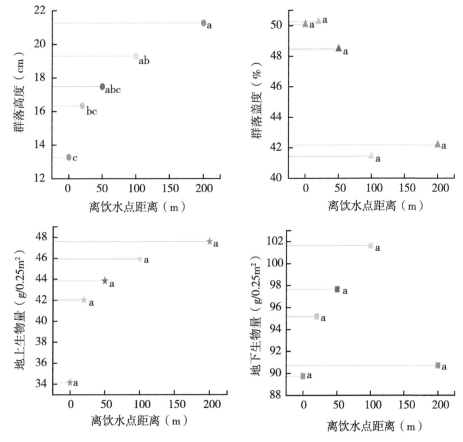

图5-7　饮水点位于牧场北边位置情况下群落特征随离饮水点距离的变化

注：小写字母表示不同取样距离间的差异，相同字母表示差异不显著，不同字母表示差异显著（P=0.05水平上）。

于50m、100m和200m，但差异性并没有达到显著水平。群落地上生物量随取样距离的变化趋势与群落高度一致，即随着离饮水点距离的增加，地上生物量逐渐增加，200m处取最大值（47.59g/0.25m²）。而地下生物量的变化趋势与地上生物量的变化趋势不同，随着距离的增加，呈先增加后减少的变化趋势。

5.1.4.2 饮水点位于牧场北边位置情况下不同取样方向群落特征的变化

饮水点位于北边位置时，除群落盖度外群落高度、地上生物量和地下生物量在各个取样方向间均有显著差异（图5-8）。225°（19cm）的群落高度显著高于157.5°（13.36cm），与其余6个取样方向没有显著差异。270°的地上生物量显著高于157.5°、202.5°和225°，分别是37.42g/0.25m²、36.06g/0.25m²和36.46g/0.25m²，其余4个取样方向的地上生物量与此4个方向的差异没有达到显著水平。地下生物量差异性较大，180°和202.5°的最高，分别为132.36g/0.25m²和123.24g/0.25m²，157.5°次之，而112.5°、135°和247.5°的地下生物量显著低于其他方向，依次为70.73g/0.25m²、73.41g/0.25m²和79.84g/0.25m²。

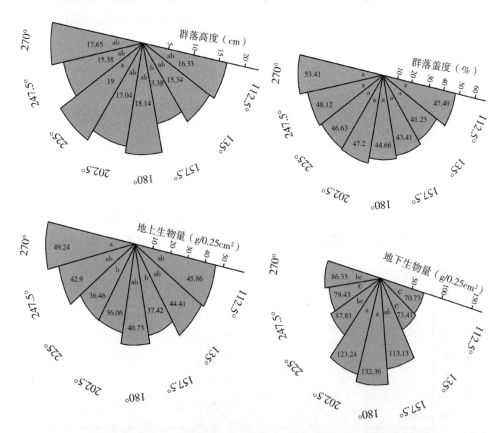

图5-8 饮水点位于牧场北边位置情况下不同取样方向群落特征的变化

注：小写字母表示不同取样方向间的差异，相同字母表示差异不显著，不同字母表示差异显著（$P=0.05$水平上）。

从表5-4中可知，取样距离和取样方向对于群落特征的影响如下，即群落高度主要受取样距离的影响（$F=12.16$，$P<0.01$），地下生物量主要受取样方向的影响（$F=$

26.24，$P < 0.01$），地上生物量则受二者的影响（距离 $F = 4.16$，$P = 0.04$；方向 $F = 9.10$，$P < 0.004$），群落盖度则不受距离和取样方向的影响。

表5-4 饮水点位于牧场北边位置情况下不同取样距离与方向对群落特征的影响（自由度=1）

群落特征	影响因子		
	距离	方向	距离×方向
群落高度（cm）	12.16**	0.05	1.55
群落盖度（%）	2.71	0.63	0.44
地上生物量（g/0.25m²）	4.16*	9.10**	1.55
地下生物量（g/0.25m²）	0	26.24**	0.39

注：* 表示在 0.05 水平上差异显著；** 表示在 0.01 水平上差异显著。

5.1.5 饮水点位于牧场中心位置情况下群落特征的变化

5.1.5.1 饮水点位于牧场中心位置情况下群落特征随取样距离的变化

饮水点位于牧场中心位置情况下（图5-9），除群落高度外，群落盖度、地上生物

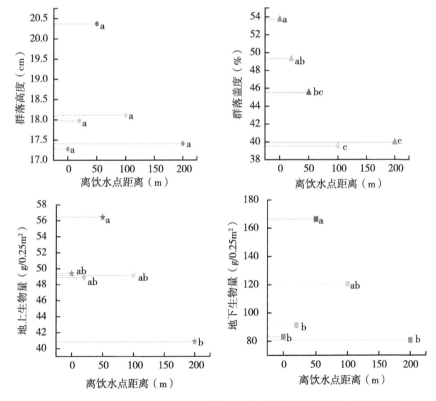

图5-9 饮水点位于牧场中心位置情况下植群落特征随取样距离的变化

注：小写字母表示不同取样距离间的差异，相同字母表示差异不显著，不同字母表示差异显著（$P = 0.05$ 水平上）。

量和地下生物量在各距离处均有显著差异。群落高度和地上生物量随取样距离的变化为先增加，到50m处取最大值，随后减少。与群落高度不同的是，50m处的地上生物量显著高于200m，而与0m、20m和100m处没有显著差异。群落盖度随取样距离的增加逐渐减少，0m处的群落盖度与20m处的没有显著差异，但显著高于50m、100m和200m。与群落盖度变化趋势相似，地下生物量也是0m和20m处没有显著差异，其中20m处显著高于50m、100m和200m。

5.1.5.2　饮水点位于牧场中心位置情况下不同取样方向群落特征的变化

饮水点位于牧场中心位置时除地上生物量外，群落高度、群落盖度和地下生物量在各取样方向间均有显著差异（图5-10）。90°时群落高度显著高于其他取样方向，达到21.18cm，0°和315°的群落高度分别为15.58cm和13.48cm，显著低于90°，与其他方向没有显著差异。群落盖度而言，315°的群落盖度为56.73%，显著高于135°（41.33%）、225°（38.28%）和270°（42.97%），其他4个取样方向群落盖度的变化范围为43.08%～46.68%，没有显著差异。各取样方向的地上生物量变化范围为

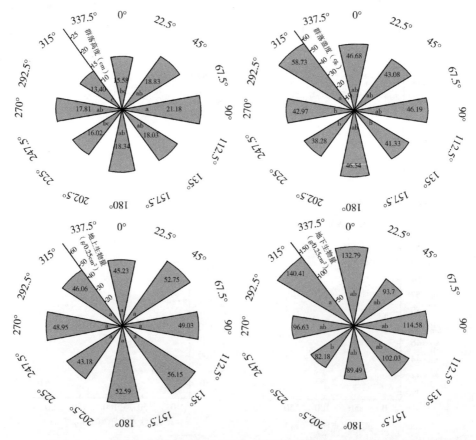

图5-10　饮水点位于牧场中心位置情况下不同取样方向群落特征的变化

注：小写字母表示不同取样方向间的差异，相同字母表示差异不显著，不同字母表示差异显著（$P=0.05$水平上）。

43.18~56.15g/0.25 m²。315°的地下生物量为 140.41g/0.25 m²，显著高于 225°的 82.18g/0.25 m²，与其他取样方向差异没有达到显著差异。

表5-5 所示，饮水点位于中心位置情况下，取样距离显著影响群落高度（$F=7.25$，$P=0.011$），取样距离和取样方向对于群落的影响均没有达到显著水平。取样距离对地上生物量的影响显著（$F=31.45$，$P<0.01$）。地下生物量则受两者共同的影响（$F=5.71$，$P=0.02$）。

表5-5　饮水点位于牧场中心位置情况下不同取样距离与方向对群落特征的影响（自由度=1）

群落特征	影响因子		
	距离	方向	距离×方向
群落高度（cm）	0.16	7.25*	0.05
群落盖度（%）	4.02*	3.23	0.2
地上生物量（g/0.25m²）	31.45*	0.97	0.33
地下生物量（g/0.25m²）	1.79	0.06	5.71*

注：* 表示在 0.05 水平上差异显著。

5.2　饮水点位于牧场不同位置情况下植物多样性的变化

5.2.1　饮水点位于牧场东边位置情况下植物多样性的变化

5.2.1.1　饮水点位于牧场东边位置情况下植物多样性随取样距离的变化

饮水点位于牧场的东边位置时，从饮水点附近开始，随着取样距离的增加，平均物种数表现出先增加后减少又增加最后减少的变化趋势，20m 处达到最高值，平均19.75，而多样性指数呈先增加后减少的变化趋势，均匀度指数则呈现出先增加后减少又增加的变化趋势。多样性指数和均匀度指数均在离饮水点 50m 处达到最高值，分别为 2.71 和 0.95。饮水点位于牧场东边位置时，不同距离处的丰富度指数、多样性指数和均匀度指数均没有显著差异（图5-11）。

5.2.1.2　饮水点位于牧场东边位置情况下不同取样方向植物多样性的变化

饮水点位于牧场东边位置时各个取样方向上的多样性指数如表5-6所示。由表5-6可知，草本群落的物种多样性在 8 个取样方向间差异性较小，均没有达到显著水平。202.5和292.5°的物种数最多（19种），135°、180°和225°的物种数最少（17.20种）。292.5°的多样性指数也是各个取样方向中最高的，而135°、157.5°和180°的多样性最小，分别为 2.49、2.39 和 2.48，202.5°、225°、247.5°和270°的多样性居中。各个取样方向的均匀度指数均较高，且没有显著性差异。

取样距离和方向对于植物多样性的影响情况如下，丰富度指数不受两者任何一个因子的影响，多样性指数受距离的影响显著（$F=4.34$，$P=0.04$），均匀度指数受两者的

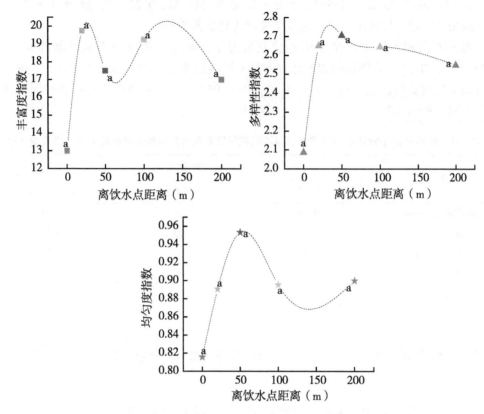

图5-11　饮水点位于牧场东边位置情况下植物多样性随取样距离的变化

　　注：小写字母表示不同取样距离间的差异，相同字母表示差异不显著，不同字母表示差异显著（$P=0.05$水平上）。

影响，其中受距离的影响更大（距离 $F=7.26$，$P=0.01$；方向 $F=5.58$，$P=0.02$）（表5-7）。

表5-6　饮水点位于牧场东边位置情况下不同取样方向植物多样性的变化

取样方向（°）	丰富度指数	多样性指数	均匀度指数
135°	17.20±3.35a	2.49±0.28a	0.89±0.04a
157.5°	18.40±3.36a	2.39±0.22a	0.87±0.06a
180°	17.20±2.17a	2.48±0.25a	0.89±0.04a
202.5°	19.00±2.24a	2.57±0.24a	0.89±0.05a
225°	17.20±2.68a	2.52±0.25a	0.89±0.04a
247.5°	18.20±3.03a	2.54±0.21a	0.90±0.02a
270°	17.60±4.88a	2.62±0.30a	0.90±0.04a
292.5°	19.00±2.74a	2.65±0.10a	0.91±0.02a

　　注：小写字母表示不同取样方向间的差异，相同字母表示差异不显著，不同字母表示差异显著（$P=0.05$水平上）。

表 5-7　饮水点位于牧场东边位置情况下不同取样距离与方向对植物多样性的影响（自由度=1）

群落特征	影响因子		
	距离	方向	距离×方向
丰富度指数	0.07	0.31	0.29
多样性指数	4.34*	3.65	0.02
均匀度指数	7.26*	5.58*	0.31

注：* 表示在 0.05 水平上差异显著。

5.2.2　饮水点位于牧场西边位置情况下植物多样性的变化

5.2.2.1　饮水点位于牧场西边位置情况下植物多样性随取样距离的变化

饮水点位于西边位置时，随着取样距离的增加，丰富度指数、多样性指数和均匀度指数均呈先增后减又增的趋势（图 5-12）。饮水点附近的平均物种数为 16 个，50m 处增加至 19.75 物种，此后降至 18.5 物种，各距离间差异不显著。多样性指数从 0m 处的 2.25 增加至 50m 处的 2.53，此后降至 2.47，而均匀度指数从 0m 处的 0.83 逐渐增加至 200m 处的 0.86，表明各距离处多样性指数变化不大。

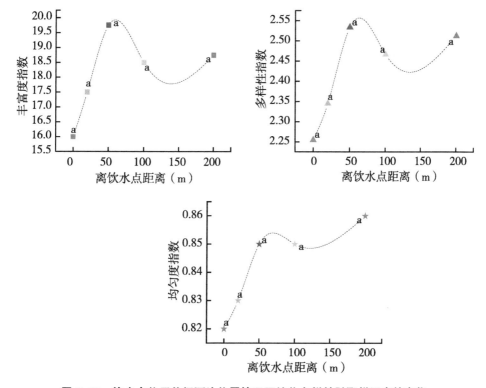

图 5-12　饮水点位于牧场西边位置情况下植物多样性随取样距离的变化

注：小写字母表示不同取样距离间的差异，相同字母表示差异不显著，不同字母表示差异显著（$P=0.05$ 水平上）。

5.2.2.2 饮水点位于牧场西边位置情况下不同取样方向植物多样性的变化

饮水点位于牧场西边位置情况下，不同取样方向的多样性变化特征如表 5-8 所示。从表中可知，0°和 22.5°时丰富度指数最高，平均为 21.2 个和 20.80 个物种，112.5°时物种数最少，为 16.6 种。多样性指数也是 0°时取最大值，显著高于 315°（2.27）。各取样方向均匀度变化范围为 0.83~0.90，变化不显著。

植物多样性受影响因子分析表明，只有多样性指数受取样距离的影响显著（$F=$ 4.92，$P=0.03$），距离和取样方向对于丰富度和均匀度没有显著影响（表 5-9）。

表 5-8　饮水点位于牧场西边位置情况下不同取样方向植物多样性的变化

取样方向（°）	丰富度指数	多样性指数	均匀度指数
0	21.20±3.77a	0.90±0.03a	2.38±0.73a
22.5	20.80±1.79a	0.89±0.01ab	2.57±0.06a
45.0	20.60±3.29a	0.86±0.04ab	2.41±0.23a
67.5	17.00±2.74a	0.87±0.03ab	2.37±0.17a
90.0	17.00±4.06a	0.86±0.05ab	2.33±0.29a
112.5	16.60±3.91a	0.87±0.03ab	2.34±0.22a
315.0	19.40±4.72a	0.83±0.08b	2.27±0.38a
337.5	18.00±2.65a	0.87±0.04ab	2.41±0.19a

注：小写字母表示不同取样方向间的差异，相同字母表示差异不显著，不同字母表示差异显著（$P=0.05$ 水平上）。

表 5-9　饮水点位于牧场西边位置情况下不同取样距离与方向对植物多样性的影响（自由度=1）

群落特征	影响因子		
	距离	方向	距离×方向
丰富度指数	3.25	0.88	0.74
多样性指数	4.92*	0.51	0.66
均匀度指数	2.55	0.07	0.9

注：*表示在 0.05 水平上差异显著。

5.2.3　饮水点位于牧场南边位置情况下植物多样性的变化

5.2.3.1　饮水点位于牧场南边位置情况下植物多样性随取样距离的变化

饮水点位于牧场南边位置情况下，随着取样距离的增加，丰富度指数和多样性指数均呈逐渐增加趋势，而均匀度指数呈逐渐减少趋势（图 5-13）。丰富度指数从 0m 处的 19.50 种物种逐渐增加到 200m 处的 23 种，与 0m 相差不到 4 个物种，没有显著差异。多样性指数则从 2.45 增加到 2.73。均匀度指数从 0m 处 0.88 减少到 200m 处的 0.80。各取样距离丰富度指数、多样性指数和均匀度指数均没有显著差异。

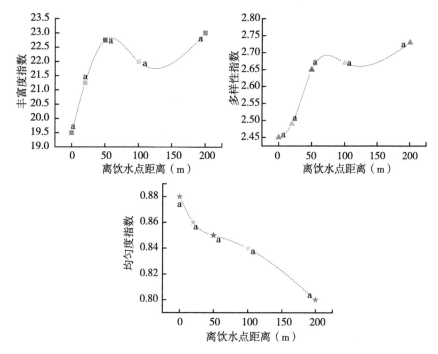

图 5-13 饮水点位于牧场南边位置情况下植物多样性随取样距离的变化
　　注：小写字母表示不同取样距离间的差异，相同字母表示差异不显著，不
同字母表示差异显著（$P=0.05$ 水平上）。

5.2.3.2　饮水点位于牧场南边位置情况下不同取样方向植物多样性的变化

　　饮水点位于牧场南边位置情况下不同取样方向植物多样性的变化如表 5-10。如表
所示，丰富度指数、多样性指数和均匀度指数均是 315° 时取最大值，337.5° 时丰富度
指数最低，45° 时多样性指数最低，而 0° 时均匀度最低。

　　从表 5-11 可知，饮水点位于南边位置情况下取样距离和方向对于多样性指数和均
匀度影响较小，均没有达到显著水平。丰富度指数与取样距离的相关性较强（$F=
3.25$，$P=0.64$），但没有达到显著水平。

表 5-10　饮水点位于牧场南边位置情况下不同取样方向植物多样性的变化

取样方向（°）	丰富度指数	多样性指数	均匀度指数
0	21.6±3.51a	2.53±0.18a	0.83±0.03a
22.5	21.6±3.65a	2.69±0.19a	0.87±0.03a
45.0	20.4±2.07a	2.52±0.17a	0.84±0.03a
67.5	22.6±1.95a	2.61±0.14a	0.84±0.04a
270.0	22.4±2.19a	2.65±0.33a	0.85±0.10a
292.5	21.0±2.92a	2.59±0.19a	0.85±0.03a
315.0	22.4±2.30a	2.70±0.03a	0.88±0.03a
337.5	20.2±1.30a	2.60±0.08a	0.86±0.0a

　　注：小写字母表示不同取样方向间的差异，相同字母表示差异不显著，不同字母表示差异显著
（$P=0.05$ 水平上）。

表 5-11　饮水点位于牧场南边位置情况下不同取样距离与方向对植物多样性的影响（自由度=1）

群落特征	影响因子		
	距离	方向	距离×方向
丰富度指数	3.25	0.88	0.74
多样性指数	1.64	0.51	0.66
均匀度指数	2.55	0.07	0.9

5.2.4　饮水点位于牧场北边位置情况下植物多样性的变化

5.2.4.1　饮水点位于牧场北边位置情况下植物多样性随取样距离的变化

饮水点位于牧场北边位置情况下（图5-14），随着取样距离增加，各距离间差异达到显著水平，200m处的物种数为14种，显著低于50m处的物种数（20种），0m、20m和100m处的物种数分别为15.25种、16种和16.25种，居于50m和200m之间。多样性指数和均匀度指数均是从饮水点附近逐渐增加至100m处取最大值，此后减少，但

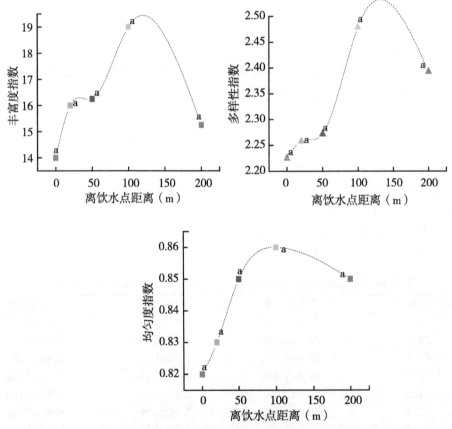

图 5-14　饮水点位于牧场北边位置情况下植物多样性随取样距离的变化

注：小写字母表示不同取样距离间的差异，相同字母表示差异不显著，不同字母表示差异显著（P=0.05水平上）。

各距离处的差异没有达到显著水平。

5.2.4.2 饮水点位于牧场北边位置情况下不同取样方向植物多样性的变化

饮水点位于牧场北边位置情况下不同取样方向多样性的变化特征如表 5-12 所示。202.5°和 225°的丰富度指数显著高于 135°。225°时多样性指数为 2.54，显著高于 270°，与其他取样方向没有显著差异。225°和 247.5°时的均匀度指数最高，为 0.90，180°和 270°的最低（0.85），差异性没有达到显著水平。

从表 5-13 可知，饮水点位于牧场北边位置时取样距离和方向对于丰富度指数、多样性指数和均匀度均没有显著影响。

表 5-12　饮水点位于牧场北边位置情况下不同取样方向植物多样性的变化

取样方向（°）	丰富度指数	多样性指数	均匀度指数
112.5	16.20±1.64ab	2.33±0.19ab	0.87±0.03a
135.0	14.40±2.61b	2.28±0.18ab	0.86±0.04a
157.5	15.60±1.52ab	2.32±0.32ab	0.86±0.07a
180.0	16.20±1.64ab	2.25±0.22ab	0.85±0.05a
202.5	18.20±2.59a	2.37±0.25ab	0.87±0.04a
225.0	17.80±2.05a	2.54±0.13a	0.90±0.01a
247.5	17.00±1.00ab	2.46±0.08ab	0.90±0.01a
270.0	16.00±3.67ab	2.23±0.12b	0.85±0.01a

注：小写字母表示不同取样方向间的差异，相同字母表示差异不显著，不同字母表示差异显著（$P=0.05$ 水平上）。

表 5-13　饮水点位于牧场北边位置情况下不同取样距离与方向对植物多样性的影响（自由度=1）

群落特征	影响因子		
	距离	方向	距离×方向
丰富度指数	2.98	0.84	0.48
多样性指数	1.06	0.05	0.04
均匀度指数	2.55	0.34	1..09

5.2.5　饮水点位于牧场中心位置情况下植物多样性的变化

5.2.5.1　饮水点位于牧场中心位置情况下植物多样性随取样距离的变化

饮水点位于牧场中心位置情况下（图 5-15），丰富度、多样性随取样距离的增加呈先增加后减少的变化趋势，最大值均出现在 100m 处，丰富度和多样性分别为 15.80 和 2.22，最低值出现在 200m 处，分别为 12.50 和 1.96。均匀度的变化较复杂，即先增加后减少又增加，呈"N"形变化。但各个距离处的丰富度指数、多样性指数和均匀度指数差异性均没有达到显著水平。

5.2.5.2　饮水点位于牧场中心位置情况下不同取样方向植物多样性的变化

饮水点位于牧场中心位置情况下，不同取样方向的丰富度指数、多样性指数和均匀度指数均没有显著差异（表 5-14）。丰富度指数、多样性指数和均匀度指数均在 315°

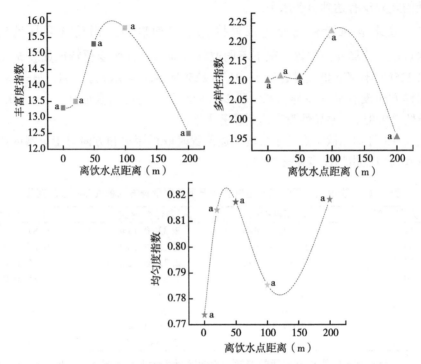

图 5-15　饮水点位于牧场中心位置情况下植物多样性随取样距离的变化

注：小写字母表示不同取样距离间的差异，相同字母表示差异不显著，不同字母表示差异显著（$P=0.05$ 水平上）。

时最低，0°时最高，但各取样方向间没有显著差异。

饮水点位于牧场中心位置情况下不同距离与方向对植物多样性的影响如表 5-15 所示，从表可知，取样距离和方向对物种数变化没有显著影响，对均匀度指数两者均有显著影响（距离 $F=7.26$，$P=0.01$；方向 $F=5.58$，$P=0.02$）。对于多样性指数则只有取样距离有显著影响（$F=4.34$，$P=0.04$）。

表 5-14　饮水点位于牧场中心位置情况下不同取样方向植物多样性的变化

取样方向（°）	丰富度指数	多样性指数	均匀度指数
0	15.00±3.04a	2.22±0.41a	0.83±0.05a
45	14.00±3.67a	2.10±0.29a	0.80±0.03a
90	13.20±3.77a	2.08±0.33a	0.81±0.06a
135	14.40±3.58a	2.15±0.24a	0.82±0.03a
180	13.00±1.73a	2.00±0.20a	0.78±0.07a
225	13.00±2.55a	1.97±0.21a	0.78±0.04a
270	15.00±1.22a	2.10±0.24a	0.78±0.08a
315	10.80±4.44a	1.82±0.55a	0.77±0.10a

注：小写字母表示不同取样方向间的差异，相同字母表示差异不显著，不同字母表示差异显著（$P=0.05$ 水平上）。

表 5-15　饮水点位于牧场中心位置情况下不同取样距离与方向对植物多样性的影响（自由度=1）

群落特征	影响因子		
	距离	方向	距离×方向
丰富度指数	0.07	0.31	0.29
多样性指数	4.34*	0.51	0.66
均匀度指数	7.26*	5.58*	0.31

注：* 表示在 0.05 水平上差异显著。

5.3　饮水点位于牧场不同位置情况下土壤物理特征的变化

5.3.1　饮水点位于牧场东边位置情况下土壤物理特征的变化

5.3.1.1　饮水点位于牧场东边位置情况下土壤物理特征随取样距离的变化

饮水点位于牧场东边位置情况下，土壤物理特征随取样距离的变化特征如图 5-16

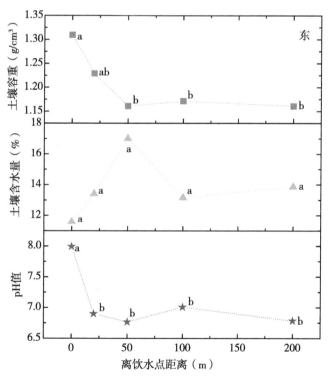

图 5-16　饮水点位于牧场东边位置情况下土壤物理
特征随取样距离的变化

注：小写字母表示不同取样距离间的差异，相同字母表示
差异不显著，不同字母表示差异显著（$P=0.05$ 水平上）。

所示。随着取样距离的增加土壤容重和 pH 值逐渐减少并达到显著水平。0m 处的土壤容重为 1.33g/cm³，显著高于 50m、100m 和 200m 处，分别为 1.16g/cm³，1.17g/cm³ 和 1.16g/cm³。土壤含水量则呈相反趋势，随着取样距离的增加土壤含水量逐渐增加，但各取样距离处的差异没有达到显著水平。土壤 pH 值的变化与土壤容重相似，随着取样距离的增加逐渐减少，且 0m 处的 pH 值显著高于 20m、50m、100m 和 200m 处。

5.3.1.2 饮水点位于牧场东边位置情况下不同取样方向土壤物理特征的变化

不同取样方向土壤含水量、土壤容重和 pH 值变化如图 5-17 所示。由图 5-17 中可看出，各取样方向土壤含水量，土壤容重和 pH 值差异较大，但均没有达到显著水平。土壤含水量而言，135°的最高（15.82%），22.5°的最低（11.44%）。247.5°的土壤容重为 1.24g/cm³，是 8 个取样方向中最大的，292.5°的最小（1.16g/cm³），各取样方向土壤 pH 值变化与土壤容重相同，即 247.5°时最大，292.5°时最小。

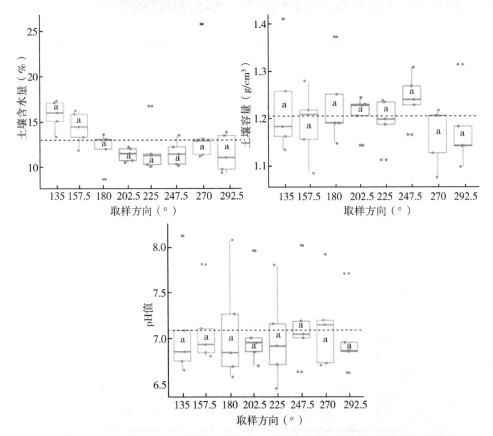

图 5-17 饮水点位于牧场东边位置情况下不同取样方向土壤物理特征的变化
注：小写字母表示不同取样方向间的差异，相同字母表示差异不显著，不同字母表示差异显著（$P=0.05$ 水平上）。

从表 5-16 可知，土壤容重（$F=8.40$，$P<0.01$）和 pH 值（$F=10.99$，$P<0.01$）受取样距离影响显著，但不受取样方向影响。两者对于土壤含水量均没有影响。

表 5-16 饮水点位于牧场东边位置情况下不同取样距离与
方向对土壤物理特征的影响（自由度＝1）

群落特征	影响因子		
	距离	方向	距离×方向
土壤含水量（%）	0.04	1.97	0.3
土壤容重（g/cm³）	8.40**	1.69	3.07
pH 值	10.99**	0.02	0.23

注：小写字母表示不同取样距离间的差异，相同字母表示差异不显著，不同字母表示差异显著
（$P=0.05$ 水平上）。

5.3.2 饮水点位于牧场西边位置情况下土壤物理特征的变化

5.3.2.1 饮水点位于牧场西边位置情况下土壤物理特征随取样距离的变化

饮水点位于牧场西边位置情况下（图 5-18），土壤容重随取样距离的增加逐渐减少，0m 处最大（1.20g/cm³），200m 处最小（1.12g/cm³）。而土壤含水量呈相反趋势，即 0m 处的土壤含水量最低（17.97%），200m 处的最高，为 21.21%，但没有达到显著

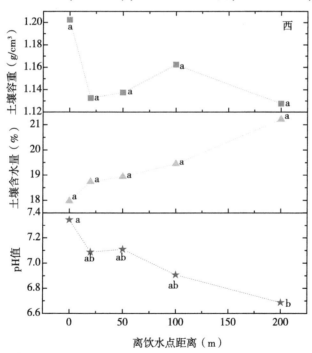

图 5-18 饮水点位于牧场西边位置情况下土壤物理
特征随取样距离的变化
注：小写字母表示不同取样距离间的差异，相同字母表示
差异不显著，不同字母表示差异显著（$P=0.05$ 水平上）。

水平。土壤 pH 值的变化与土壤容重相似，随着取样距离的增加逐渐降低，0m 处的 pH 值显著高于 200m 处，20m、50m 和 100m 处的 pH 值居于二者之间。

5.3.2.2 饮水点位于牧场西边位置情况下不同取样方向土壤物理特征的变化

饮水点位于牧场西边位置情况下，各取样方向土壤含水量存在显著差异，土壤容重差异不显著，pH 值的取值范围变化较大但没有达到显著水平（图 5-19）。各取样方向土壤含水量从大到小的排序为 45° > 67.5° > 0° > 22.5° > 90° > 112.5°，相应的值为 24.00 > 23.82 > 22.91 > 22.39 > 22.07 > 20.52，显著高于 315°（11.71%）和 337.5°（10.31%）。315°的土壤容重最大（1.20g/cm³），67.5°最小（1.13g/cm³）。90°的 pH 值最高（7.40），22.5°最低（6.90）。

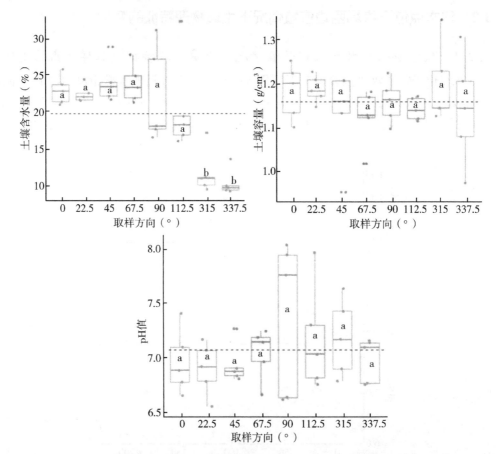

图 5-19 饮水点位于牧场西边位置情况下不同取样方向土壤物理特征的变化
注：小写字母表示不同取样方向间的差异，相同字母表示差异不显著，不同字母表示差异显著（$P=0.05$ 水平上）。

表 5-17 所示，取样方向对于土壤含水量有显著影响（$F=69.91$，$P<0.01$），土壤 pH 值受取样距离的影响显著（$F=21.64$，$P<0.01$），取样距离和方向对土壤容重均没有显著影响。

表 5-17 饮水点位于牧场西边位置情况下不同取样距离与方向对土壤物理特征的影响（自由度=1）

群落特征	影响因子		
	距离	方向	距离×方向
土壤含水量（%）	1.74	69.91**	0.12
土壤容重（g/cm³）	3.01	0.05	0.54
pH 值	21.64**	0.47	0.22

注：＊表示在 0.01 水平上差异显著。

5.3.3 饮水点位于牧场南边位置情况下土壤物理特征的变化

5.3.3.1 饮水点位于牧场南边位置情况下土壤物理特征随取样距离的变化

饮水点位于牧场南边位置情况下（图 5-20），土壤容重呈先减少后增加趋势，0m 处土壤容重最大，为 1.20g/cm³，50m 处的最低（1.17g/cm³），此后又增加至 200m 处的 1.19g/cm³。土壤含水量从 0m 处的 15.8% 增加至 50m 处的 20.14%，200m 处再减少至 14.83%，但各距离处的差异没有达到显著水平。土壤 pH 值则是随着取样距离的增

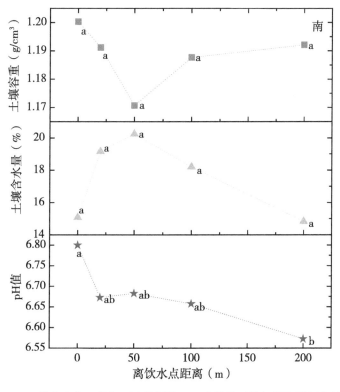

图 5-20 饮水点位于牧场西边位置情况下土壤物理特征随取样距离的变化

注：小写字母表示不同取样距离间的差异，相同字母表示差异不显著，不同字母表示差异显著（P=0.05 水平上）。

加逐渐减少，0m 处的 pH 值显著高于 200m 处。

5.3.3.2 饮水点位于牧场南边位置情况下不同取样方向土壤物理特征的变化

饮水点位于牧场南边位置情况下，不同取样方向土壤物理特征的变化如图 5-21 所示。由图可知，各取样方向 pH 值没有显著差异，而土壤含水量和土壤容重则有显著差异。各取样方向土壤含水量变化为，67.5° 时最大（23.53%），显著高于 0°（13.47%）、22.5°（15.81%）、45°（16.09%）和 292.5°（13.25%），与 270°、315° 和 337.5° 没有显著差异。对于土壤容重而言，45° 和 67.5° 时分别为 1.23g/cm³ 和 1.22g/cm³，显著高于 22.5°（1.23g/cm³）和 337.5°（1.11g/cm³），其余取样方向的土壤容重居于这四者间。各取样方向的 pH 值排序为 67.5°> 45°> 315°> 292.5°> 337.5°> 22.5°> 0°> 270°，其 pH 值分别为 6.77、6.74、6.70、6.69、6.67、6.64、6.63 和 6.60，但没有达到显著水平。

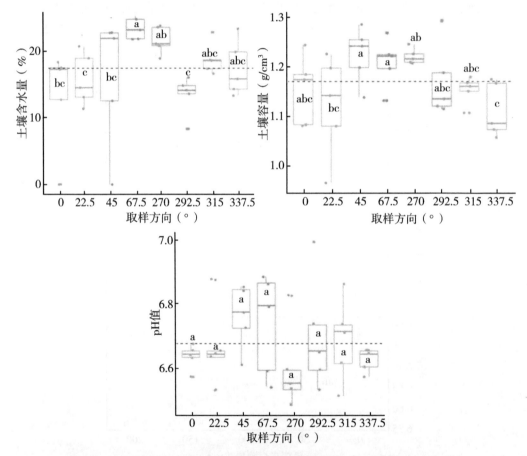

图 5-21 饮水点位于牧场南边位置情况下不同取样方向土壤物理特征的变化

注：小写字母表示不同取样方向间的差异，相同字母表示差异不显著，不同字母表示差异显著（P=0.05 水平上）。

表 5-18　饮水点位于牧场南边位置情况下不同取样距离与方向对土壤物理特征的影响（自由度=1）

群落特征	影响因子		
	距离	方向	距离×方向
土壤含水量（%）	8.54**	2.22	0.27
土壤容重（g/cm³）	2.52	7.05**	1.89
pH 值	9.78**	0.01	3.61

＊表示在 0.05 水平上差异显著。

5.3.4　饮水点位于牧场北边位置情况下土壤物理特征的变化

5.3.4.1　饮水点位于牧场北边位置情况下土壤物理特征随取样距离的变化

饮水点位于牧场北边位置情况下，土壤容重从 0m 处向 200m 处逐渐减少，但各距离处的差异没有达到显著水平。土壤含水量则从 0m 处到 100m 处增加幅度较大，到 100m 处趋于稳定状态。土壤 pH 值从 0m 处的 7.14 骤降到 20m 处的 6.56，此后趋于稳定水平，且均显著低于 0m 处（图 5-22）。

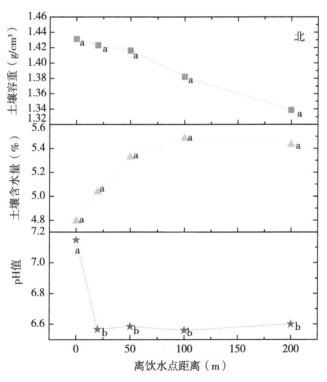

**图 5-22　饮水点位于牧场北边位置情况下土壤物理
特征随取样距离的变化**

注：小写字母表示不同取样距离间的差异，相同字母表示差异不显著，
不同字母表示差异显著（P=0.05 水平上）。

5.3.4.2 饮水点位于牧场北边位置情况下不同取样方向土壤物理特征的变化

饮水点位于牧场北边位置情况下不同取样方向土壤物理特征变化如图 5-23。图中各取样方向土壤含水量和容重具有显著差异，pH 值的差异则没有达到显著水平。各取样方向中，112.5° 的土壤含水量显著高于 135°、157.5°、180°、202.5° 和 225°。112.5°、135° 和 270° 的土壤容重显著高于 225° 和 247.5°。土壤 pH 值来说，112.5° 时最低（6.54），157.5° 时最高（6.83）。

表 5-19 可知，取样距离对土壤含水量具有显著影响（$F = 10.33$，$P < 0.01$），取样方向则没有影响。对于土壤容重，取样距离的影响较取样方向更显著（距离 $F = 9.05$，$P < 0.01$；方向 $F = 4.26$，$P = 0.04$）。取样距离对于 pH 值有极显著影响（$F = 8.12$，$P < 0.01$）。

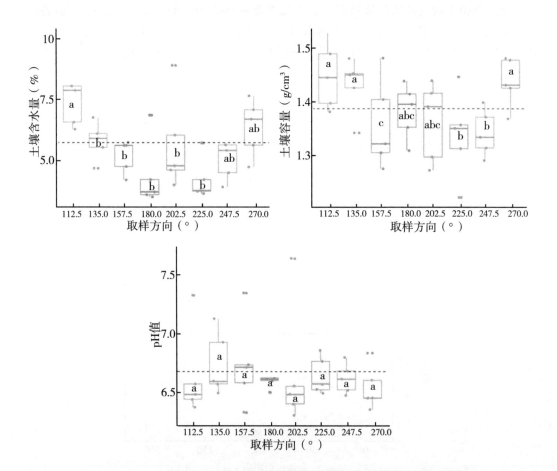

图 5-23 饮水点位于牧场北边位置情况下不同取样方向土壤物理特征的变化

注：小写字母表示不同取样方向间的差异，相同字母表示差异不显著，不同字母表示差异显著（$P = 0.05$ 水平上）。

表5-19 饮水点位于牧场北边位置情况下不同取样距离与
方向对土壤物理特征的影响（自由度=1）

群落特征	影响因子		
	距离	方向	距离×方向
土壤含水量（%）	10.33**	0.02	2.21
土壤容重（g/cm³）	9.05**	4.26*	0.63
pH值	8.12**	0.72	0.66

注：* 表示在0.05水平上差异显著；** 表示在0.01水平上差异显著。

5.3.5 饮水点位于牧场中心位置情况下土壤物理特征的变化

5.3.5.1 饮水点位于牧场中心位置情况下土壤物理特征随取样距离的变化

饮水点位于牧场中心位置时，随着取样距离的增加土壤容重逐渐减小（图5-24）。0m处的土壤容重为1.48g/cm³，与20m、100m和200m处没有显著差异，只与50m处

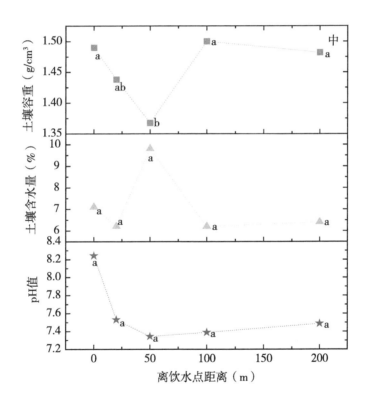

**图5-24 饮水点位于牧场中心位置情况下土壤物理
特征随取样距离的变化**

注：小写字母表示不同取样距离间的差异，相同字母表示差异
不显著，不同字母表示差异显著（$P=0.05$水平上）。

的差异达到显著水平。土壤含水量与土壤容重呈相反趋势，50m 处最大（9.81%），此后降至 100m 处的 6.20% 和 200m 处的 6.40%。与前 4 个饮水点位置的 pH 值变化趋势不同，饮水点位于中心位置情况下各距离处的土壤 pH 值没有显著差异，从 0m 向 200m 处呈逐渐减小趋势。

5.3.5.2 饮水点位于牧场中心位置情况下不同取样方向土壤物理特征的变化

饮水点位于牧场中心位置情况下不同取样方向土壤物理特征变化如 5-25。从图中可知，各取样方向土壤含水量、土壤容重和 pH 值均具有显著变化。0°（9.22%）和 45°（9.03%）的土壤含水量显著高于 270°（5.15%）和 315°（5.20%）。0° 和 135° 的土壤容重显著高于 225°、45°、90°、180°、270° 和 315°。土壤 pH 值而言，180° 取值为 8.31，135° 时为 8.28，显著高于 45°（7.01）、90°（7.06）和 315°（7.33），而与其他取样方向没有显著差异。

表 5-20 可知，取样距离对于土壤容重（$F = 8.4$，$P < 0.01$）和 pH 值（$F = 10.99$，$P < 0.01$）具有极显著影响，取样方向则没有影响。土壤含水量不受两者的影响。

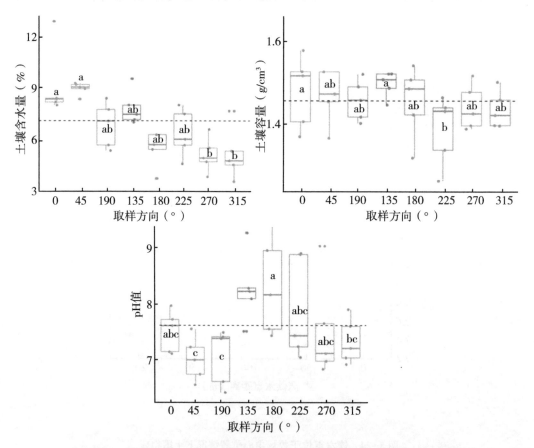

图 5-25 饮水点位于牧场中心位置情况下不同取样方向土壤物理特征的变化

注：小写字母表示不同取样方向间的差异，相同字母表示差异不显著，不同字母表示差异显著（$P = 0.05$ 水平上）。

表 5-20　饮水点位于牧场中心位置情况下不同取样距离与
方向对土壤物理特征的影响（自由度＝1）

群落特征	影响因子		
	距离	方向	距离×方向
土壤含水量（%）	0.04	1.99	0.3
土壤容重（g/cm^3）	8.4**	1.68	3.07
pH 值	10.99**	0.02	0.23

注：* 表示在 0.05 水平上差异显著；** 表示在 0.01 水平上差异显著。

5.4　饮水点位于牧场不同位置情况下土壤粒径的变化

5.4.1　饮水点位于牧场东边位置情况下土壤粒径的变化

5.4.1.1　饮水点位于牧场东边位置情况下土壤粒径随取样距离的变化

土壤砂粒含量随着离饮水点距离的增加而逐渐增加，相反，土壤黏粒和粉粒含量随着取样距离的增加而降低（图 5-26）。对于黏粒含量而言，0~10cm 土层中，0m 至 200m 逐渐增加；10~20cm 土层中，呈先减少后增加的变化趋势；20~40cm 土层中，呈增加-减少-增加的变化趋势。同一距离不同土层间变化为，20m、50m 和 200m 处，各土层黏粒含量呈先减少后增加趋势，0m 和 100m 处各土层黏粒呈逐渐减少趋势。土壤粉粒含量变化为，0~10cm、10~20cm 和 20~40cm 土层中的含量稳定，变化不大。同一距离不同土层变化不同，随着土层加深，0m 时先增加后减少；20m、50m 和 200m 时逐渐增加；100m 处先减少后增加。不同距离和不同土层砂粒含量变化为，0~10m 土层中，随着取样距离的增加逐渐减少；10~20cm 土层中，0m 时砂粒含量占 37.67%，20~100m 处占 40%~42%；20~40cm 土层中呈"N"形变化。同一距离不同土层中，0m 处砂粒含量 0~10cm 到 10~20cm 土层减少，20~40cm 土层中又增加至 44.37%；20m、50m、100m 和 200m 处均为先增加后减少趋势。

5.4.1.2　饮水点位于牧场东边位置情况下不同取样方向土壤粒径的变化

饮水点位于牧场东边位置情况下不同取样方向土壤粒径变化如表 5-21 所示。黏粒、粉粒和砂粒含量各土层间的差异均不显著，而各取样方向间均有显著差异。土壤黏粒含量而言，0~10cm 土层中各取样方向间差异不显著，其中 135°的黏粒含量最高（37.13%），270°最低（31.13%）；20~40cm 土层中也是 135°的最高（37.16%），但最小值则在 225°（28.84%）；10~20cm 时 247.5°显著高于 135°、157.5°和 180°。各土层粉粒含量而言，0~10cm 土层中，247.5°时最高（30.03%），180°时最低（25.68%）；10~20cm 土层中，247.5°时显著高于 135°、157.5°和 180°；20~40cm 土层中 157.5°、202.5°和 292.5°时显著高于 247.5°。对于砂粒含量来说，0~10cm 土层中，270°时最高，占 40.43%，225°和 292.5°时最低，分别占 36.45%和 36.44%。10~20cm 土层中，292.5°时显著高于其他方向，而 157.5°时显著低于其他方向；20~40cm 土层中，225°时显著高于 270°，与其他方向没有显著差异。

从表 5-22 可知，取样距离对于 0~10cm 土层黏粒和砂粒含量的影响显著（黏粒 $F=4.32$，$P=0.04$；砂粒 $F=4.46$，$P=0.03$）。取样方向对于 0~10cm 的砂粒（$F=11.19$，$P<0.01$）和 3 个土层的粉粒含量均具有显著影响（0~10cm 土层 $F=10.20$，$P<0.01$；10~20cm 土层 $F=16.50$，$P<0.01$；20~40cm 土层 $F=10.20$，$P<0.01$）。

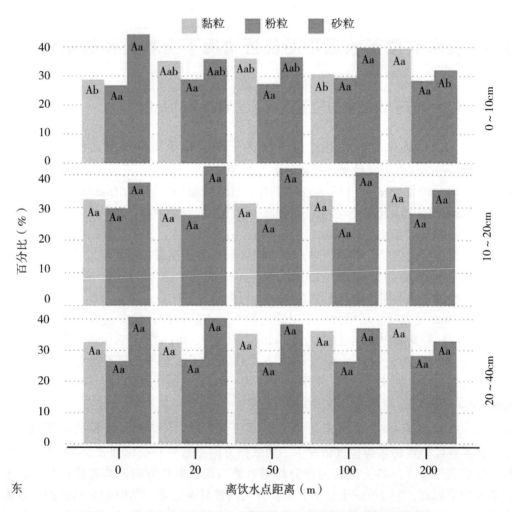

图 5-26 饮水点位于牧场东边位置情况下土壤粒径随取样距离的变化

注：图中大写字母表示各土层间的差异显著性，小写字母表示各取样距离间的差异（$P=0.05$ 水平上）。

表5-21 饮水点位于牧场东边位置情况下土壤粒径随取样距离的变化

单位：%

土壤粒径组成	土层	取样方向（°）							
		135.0	157.5	180.0	202.5	225	247.5	270	292.5
黏粒（%）	0~10cm	37.13±3.92Aa	34.77±2.21Aa	36.06±3.82Aa	33.70±3.80Aa	36.25±1.55Aa	35.94±1.05Aa	31.13±2.94Aa	35.05±1.81Aa
	10~20cm	34.98±4.78Ab	32.76±2.16Ab	33.40±2.37Ab	28.27±2.25Aab	31.18±3.90Aa	36.61±2.56Aa	31.24±3.57Aab	28.88±3.81Aab
	20~40cm	37.16±0.95Aa	33.00±1.82Aa	31.63±3.27Aa	31.81±3.71Aa	28.84±3.66Aa	32.75±3.93Aa	38.62±2.18Aa	29.62±2.92Aa
粉粒（%）	0~10cm	26.33±3.29Aa	25.78±1.03Aa	25.68±0.26Aa	28.23±1.52Aa	27.30±0.68Aa	30.03±3.42Aa	28.44±1.45Aa	28.51±2.20Aa
	10~20cm	23.84±2.39Ad	24.80±2.57Acd	27.08±3.53Abcd	28.68±1.13Aabc	29.65±1.84Aab	31.98±3.77Aa	29.76±2.95Aab	28.89±2.28Aab
	20~40cm	27.54±2.31Aab	26.30±3.13Ab	27.30±1.55Aab	27.55±1.75Aab	27.68±2.74Aab	30.00±2.33Ab	30.25±1.59Aab	30.51±2.13Aa
砂粒（%）	0~10cm	36.54±4.57Aab	39.46±1.55Aab	38.27±3.74Aab	38.07±2.72Aab	36.45±1.85Ab	34.03±1.58Aab	40.43±2.22Aa	36.44±0.08Ab
	10~20cm	41.19±5.08Aab	42.44±2.60Ab	39.52±2.67Aab	43.05±3.10Aab	39.17±2.20Aab	31.41±2.17Aab	38.99±1.46Aab	42.23±3.63Aa
	20~40cm	35.30±2.52Aab	40.70±4.08Aab	41.07±3.58Aab	40.63±3.07Aab	43.48±1.97Aa	37.25±2.99Aab	31.13±2.66Ab	39.88±2.27Aab

注：大写字母表示各土层间的差异，小写字母表示不同取样方向间的差异（$P=0.05$水平上）。

表5-22　饮水点位于牧场东边位置情况下不同取样距离与方向对土壤粒径的影响（自由度=1）

群落特征	影响因子		
	距离	方向	距离×方向
土壤黏粒1（%）	4.32*	1.03	0.14
土壤粉粒1（%）	0.32	11.19**	1.43
土壤砂粒1（%）	4.46*	10.20**	0.06
土壤黏粒2（%）	0.22	1.17	0.58
土壤粉粒2（%）	0.06	16.50**	0.01
土壤砂粒2（%）	0.07	0.74	0.31
土壤黏粒3（%）	1.95	0.43	0.58
土壤粉粒3（%）	1.57	10.20**	0.06
土壤砂粒3（%）	0.49	0.61	0.5

注：* 表示在0.05水平上差异显著；** 表示在0.01水平上差异显著。

5.4.2　饮水点位于牧场西边位置情况下土壤粒径的变化

5.4.2.1　饮水点位于牧场西边位置情况下土壤粒径随取样距离的变化

饮水点位于牧场西边位置情况下土壤粒径随着取样距离的变化如图5-27所示。由图可知，0~10cm土层中，20m处的土壤黏粒含量显著低于200m；10~20cm土层中，黏粒含量则随着距离的增加逐渐减少；20~40cm土层中，0 m和20m处的黏粒含量分别为28.45%和29.19%，50m处达到最大值，为33.16%，此后减少到200 m处的30.18%。同一距离不同土层间变化为，0m、20m、50m、100m处土壤黏粒含量从0~10cm土层到10~20cm土层增加，20~40cm时又减少。粉粒含量而言，0~10cm土层中0m处最低（23.82%），20m处最高（29.37%）；10~20cm土层中，100 m处最高（26.66%），200m处最低（23.52%）；20~40cm土层中，除50m外，随着距离增加逐渐减少。同一距离不同土层变化均为10~20cm土层粉粒含量最高。0~10cm土层中，0m和20m处的砂粒含量显著高于50m、100m和200m；10~20cm土层中0m、20m、50m和100m砂粒含量为36.01%~37.27%，到200m处增加到43.36%；20~40cm土层砂粒含量稳定变化不大。

5.4.2.2　饮水点位于牧场西边位置情况下不同取样方向土壤粒径的变化

饮水点位于牧场西边位置情况下不同取样方向土壤粒径如表5-23。由表中可知，黏粒、粉粒和砂粒含量在各土层间差异及不同取样方向的差异均较显著，对于土壤黏粒含量而言，0~10cm土层中，315°时显著高于0°、22.5°和337.5°；10~20cm土层中，67.5°、90°、112.5°和315°时显著高于0°；20~40cm土层中，315°时显著高于0°、22.5°、45°、67.5°、90°、112.5°和337.5°，其中67.5°的土壤黏粒含量最低（25.26%）。对于同一取样方向3个垂直土层间差异为，45°、90°、315°和337.5°时，0~10cm土层土壤黏粒含量显著高于10~20cm和20~40cm土层，而10~20cm和20~

40cm 土层间没有显著差异；22.5°和112.5°时 3 个土层间没有显著差异；0°时 0~10cm 和 20~40cm 土层显著高于 10~20cm 土层；67.5°为 0~10cm 土层显著高于 10~20cm 土层，而 10~20cm 显著高于 20~40cm 土层。对于土壤粉粒含量而言，0~10cm 土层中，90°、315°和 337.5°时显著高于 225.5°和 67.5°；10~20cm 土层中，337.5°时显著高于 45°和 112.5°；20~40cm 土层中，各取样方向间没有差异，其中 0°的最高（30.26%），112.5°的最低（26.04%）。同一取样方向 3 个垂直土层间差异均不显著。土壤砂粒含量而言，0~10cm 土层中，22.5°时显著高于 67.5°、112.5°、315°和 337.5°。10~20cm 土层中，0°的最高（50.19%），90°和 315°的最低（37.89% 和 37.94%）。20~40cm 土层中，67.5°和 22.5°的显著高于 0°、112.5°和 315°。对于同一取样方向 3 个垂直土层间差异为，22.5°、112.5°和 337.5°时 3 个土层土壤砂粒含量没有显著差异；45°、67.5°

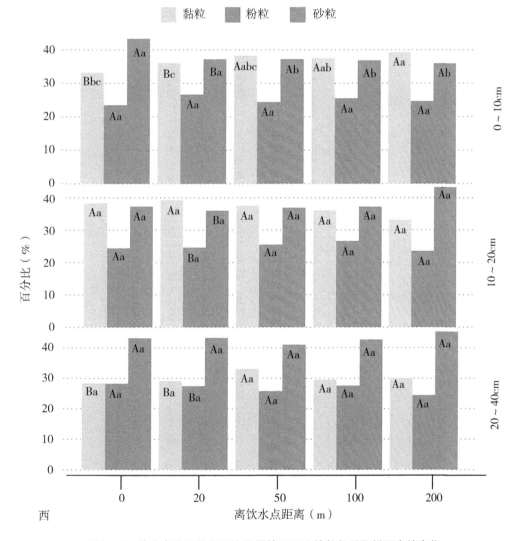

图 5-27　饮水点位于牧场西边位置情况下土壤粒径随取样距离的变化

注：图中大写字母表示各土层间的差异显著性，小写字母表示各取样距离间的差异（$P=0.05$ 水平上）。

表5-23 饮水点位于牧场西边位置情况下不同取样方向土壤粒径的变化

土壤粒径组成	土层	取样方向（°）							
		0	22.5	45	67.5	90	112.5	315	337.5
黏粒（%）	0~10cm	37.31±3.40Abc	31.68±5.64Ac	41.17±8.57Aab	40.31±2.65Aab	42.29±3.09Aab	39.62±4.48Aab	45.71±4.83Aa	35.94±2.77Abc
	10~20cm	24.05±5.54Bb	30.55±6.26Aab	28.94±2.54Bab	32.80±5.72Ba	34.16±4.85Ba	36.15±3.76Ba	33.35±3.76Ba	29.94±2.36Bab
	20~40cm	34.44±6.11Ab	28.82±3.26Abc	30.47±3.39Bbc	25.26±4.78Cc	31.16±1.51Bbc	34.52±2.31Ab	41.2±2.89ABa	31.85±3.19Bbc
粉粒（%）	0~10cm	24.57±3.34Aab	22.33±2.04Ab	24.54±2.77Aab	23.59±2.75Ab	27.73±2.40Aa	25.41±2.25Aab	28.18±3.51Aa	28.48±2.59Aa
	10~20cm	25.76±5.80Aabc	25.81±3.74Aabc	23.17±3.61Ac	26.2±1.7ABabc	27.95±1.05ABabc	24.70±2.81Abc	28.70±1.77Aab	30.37±3.64Aa
	20~40cm	30.26±3.54Aa	26.29±2.28Aa	26.26±2.26Aa	27.79±3.20Aa	27.89±2.31Aa	26.04±3.57Aa	27.61±2.21Aa	26.81±2.36Aa
砂粒（%）	0~10cm	38.11±3.11Bab	45.99±4.25Aa	34.29±5.95Bab	36.09±2.61Bb	29.97±2.10Bab	34.96±3.54Abc	26.11±3.72Bb	35.58±3.28Abc
	10~20cm	50.19±6.31Aa	43.64±4.74Aabc	47.89±2.50Aab	40.94±3.63Abc	37.89±4.95Ac	39.15±3.35Abc	37.94±4.91Ac	39.69±3.30Abc
	20~40cm	35.30±5.62Bbc	44.89±3.60Aa	43.27±5.69ABab	46.95±5.17Aa	41.01±5.07Aab	39.44±2.83ABc	31.19±3.58ABc	41.35±2.13Aab

注：大写字母表示各土层间的差异，小写字母表示不同取样方向间的差异（P=0.05水平上）。

和 90°时 0~10cm 土层显著低于 10~20cm 和 20~40cm 土层，10~20cm 和 20~40cm 土层间没有显著差异。0°和 315°时 10~20cm 土层显著高于 0~10cm 和 20~40cm 土层，而 0~10cm 和 20~40cm 土层间差异没有达到显著水平。

表 5-24 可知，0~10cm 土层黏粒（$F=4.78$，$P=0.03$）受取样距离的影响显著，0~10cm 土层粉粒则受取样方向的影响更显著（$F=13.83$，$P<0.01$），0~10cm 土层砂粒受取样距离（$F=4.41$，$P=0.04$）和取样方向影响（$F=6.12$，$P=0.02$），两者交互作用则没有影响。10~20cm 土层粉粒和砂粒（粉粒 $F=10.88$，$P<0.01$；砂粒 $F=6.23$，$P=0.02$）以及 20~40cm 土层黏粒（$F=6.35$，$P=0.02$）受取样方向显著和极显著影响。

表 5-24　饮水点位于牧场西边位置情况下不同取样距离和方向对土壤粒径的影响（自由度=1）

群落特征	影响因子		
	距离	方向	距离×方向
土壤黏粒 1（%）	4.78*	1.73	0.00
土壤粉粒 1（%）	0.21	13.83**	1.28
土壤砂粒 1（%）	4.41*	6.12*	0.19
土壤黏粒 2（%）	0.08	1.06	0.36
土壤粉粒 2（%）	2.21	10.88**	2.00
土壤砂粒 2（%）	0.19	6.23*	0.01
土壤黏粒 3（%）	1.73	6.35*	0.48
土壤粉粒 3（%）	1.77	0.16	0.01
土壤砂粒 3（%）	2.69	3.03	0.36

注：* 表示在 0.05 水平上差异显著；** 表示在 0.01 水平上差异显著。

5.4.3　饮水点位于牧场南边位置情况下土壤粒径的变化

5.4.3.1　饮水点位于牧场南边位置情况下土壤粒径随取样距离的变化

饮水点位于牧场南边位置情况下，随着离饮水点距离的增加，0~10cm 的砂粒含量逐渐减少，黏粒和粉粒含量逐渐增加（图 5-28）。黏粒含量而言，10~20cm 土层中，100m 处最高，0m 处最低；20~40cm 土层中 50m 处取最高值，0m 处取最低值。粉粒含量变化为，0~10cm 土层和 20~40cm 土层中均是 200m 处最高，10~20cm 土层中 100m 处最高。10~20cm 和 20~40cm 土层中各距离处砂粒含量波动式变化，但是差异均没有达到显著水平。

5.4.3.2　饮水点位于牧场南边位置情况下不同取样方向土壤粒径的变化

饮水点位于牧场南边位置情况下不同取样方向土壤粒径如表 5-25。由表中可知，土壤黏粒含量而言，0~10cm 土层中，各取样方向没有显著差异，其中 45°的最高（41.17%），22.5°的最低（32.20%）；10~20cm 土层中，22.5°时最高（34.93%），

337.5°时最低（27.58%）；20~40cm 土层中，22.5°的最高（37.84），45°时最低（30.39%）。对于同一取样方向3个垂直土层变化为，45°时，0~10cm 土层的黏粒含量显著高于10~20cm 和20~40cm，此两个土层间没有显著差异；292.5°和337.5°时，0~10cm 土层显著高于10~20cm，20~40cm 土层与上面两个土层间均没有显著差异。各土层不同取样方向粉粒含量而言，0~10cm 土层和10~20cm 土层中，均是292.5°时最高，67.5°时最低；20~40cm 土层中，337.5°时最高，270°时最低。对于砂粒含量来说，0~10cm 土层中，22.5°的最高，占38.77%，显著高于292.5°；10~20cm 和20~40cm 土层中各取样方向间差异没有达到显著水平。

由表5-26可知，饮水点位于南边位置时黏粒、粉粒和砂粒均不受取样距离和取样方向的影响。

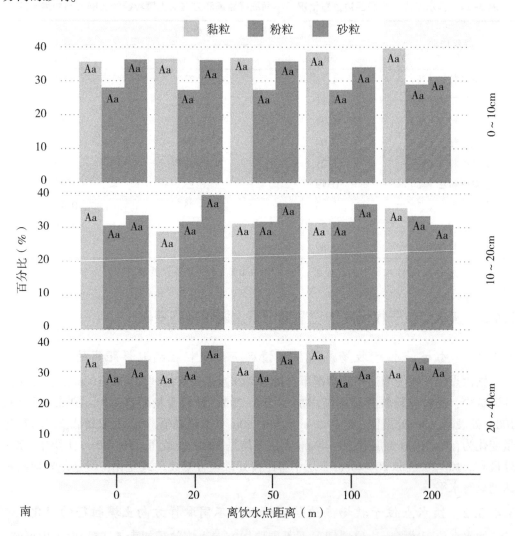

图5-28　饮水点位于牧场南边位置情况下土壤粒径随取样距离的变化

注：图中大写字母表示各土层间的差异显著性，小写字母表示各取样距离间的差异（P=0.05水平上）。

表5-25　饮水点位于牧场南边位置情况下不同取样方向土壤粒径的变化

土壤粒径组成	土层	取样方向（°）							
		0	22.5	45	67.5	270	292.5	315	337.5
黏粒（%）	0~10cm	35.03±3.34Aa	32.20±6.57Aa	41.17±6.39Aa	40.35±5.51Aa	38.85±4.44Aa	40.82±2.61Aa	34.78±5.72Aa	37.51±6.50Aa
	10~20cm	32.08±5.10Aa	34.93±3.91Aa	32.24±5.46Ba	34.35±2.52Aa	33.51±6.77Aa	32.69±7.12Ba	32.53±6.90Aa	27.58±4.29Ba
	20~40cm	34.82±2.14Aa	37.84±3.55Aa	30.39±5.14Ba	35.23±3.06Aa	37.03±4.43Aa	34.27±4.46ABa	34.58±4.50Aa	32.40±4.90ABa
粉粒（%）	0~10cm	29.88±2.28Aab	29.03±3.34Aab	26.11±3.02Bb	25.77±3.00Bb	26.87±4.59Ab	31.65±3.23Aa	28.41±2.31Bab	29.99±0.32Aab
	10~20cm	31.05±3.45Aa	29.09±1.44Aa	31.15±0.98Aa	28.42±3.32ABa	32.37±4.60Aa	33.67±4.45Aa	32.57±2.55ABa	32.30±1.74Aa
	20~40cm	31.90±1.78Aab	30.96±0.34Aab	32.10±1.58Aa	30.53±1.56Aab	28.34±2.20Ab	31.47±3.35Aab	33.12±4.15Aa	31.09±3.29Aab
砂粒（%）	0~10cm	35.09±3.35Aab	38.77±9.34Aa	32.72±4.09Aab	33.88±7.89Aab	34.28±3.96Aab	27.53±3.60Ab	36.81±5.00Aab	32.50±8.67Aab
	10~20cm	36.87±7.61Aa	35.98±4.17Aa	36.61±5.12Aa	37.23±3.20Aa	34.12±6.68Aa	33.64±8.54Aa	34.90±8.90Aa	40.12±4.56Aa
	20~40cm	33.28±3.49Aa	31.19±3.60Aa	37.51±4.64Aa	34.24±2.09Aa	34.63±8.80Aa	34.26±6.43Aa	32.30±6.53Aa	36.51±4.08Aa

注：大写字母表示各土层间的差异，小写字母表示不同取样方向间的差异（$P=0.05$ 水平上）。

表 5-26　饮水点位于牧场南边位置情况下不同取样距离与方向对土壤粒径的影响（自由度＝1）

群落特征	影响因子		
	距离	方向	距离×方向
土壤黏粒 1（%）	0.00	0.17	1.77
土壤粉粒 1（%）	0.01	1.19	0.7
土壤砂粒 1（%）	0.01	1.52	3.15
土壤黏粒 2（%）	0.33	1.26	0.37
土壤粉粒 2（%）	0.04	0.79	0.19
土壤砂粒 2（%）	1.27	0.00	2.37
土壤黏粒 3（%）	0.26	0.44	0.01
土壤粉粒 3（%）	0.00	0.1	0.04
土壤砂粒 3（%）	0.71	0.27	0.41

5.4.4　饮水点位于牧场北边位置情况下土壤粒径的变化

5.4.4.1　饮水点位于牧场北边位置情况下土壤粒径随取样距离的变化

饮水点位于牧场北边位置情况下，离饮水点 0m、20m、50m 和 100m 处各土层均以砂粒为主，200m 处的 0~10cm 土层以黏粒为主，10~20cm 和 20~40cm 土层则还是以砂粒为主，表明放牧对土壤粒径组成有影响。对黏粒含量而言，0~10cm 土层中，0m 处的黏粒含量为 25.57%，显著低于 200m。10~20cm 和 20~40cm 土层各距离处均没有显著差异。同一距离不同土层中，除 50m 处 0~10cm 土层的黏粒含量显著高于 10~20cm 和 20~40cm 土层外其余距离的各土层黏粒含量间没有显著差异。粉粒含量变化跟黏粒含量变化一致。砂粒含量变化为，0~10cm 土层砂粒含量与黏粒和粉粒含量变化相反，即随着取样距离的增加砂粒含量逐渐减少，200m 处的砂粒含量显著低于 0m，其余 3 个距离砂粒含量介于 0~200m。10~20cm 土层中 50m 处砂粒含量最高，20~40cm 土层中则是 100m 处最高。同一距离不同土层间变化为除 50m 外其他距离处各土层间没有显著差异（图 5-29）。

5.4.4.2　饮水点位于牧场北边位置情况下不同取样方向土壤粒径的变化

饮水点位于牧场南边位置情况下不同取样方向土壤粒径如表 5-27 所示。由表可知，各土层间黏粒、粉粒和砂粒含量差异均不显著，同一土层不同取样方向间也无显著差异。土壤黏粒含量而言，同一土层不同取样方向和同一取样方向不同土层间差异均没有达到显著水平。砂粒含量的变化与黏粒含量变化相同。对于粉粒含量而言，0~10cm 土层中，各取样方向没有显著差异；10~20cm 土层中，225°的显著高于 112.5°和 270°；20~40cm 土层中，67.5°时最高，270°时最低。对于砂粒含量来说，

0~10cm 土层中，22.5°时最高，占 34.49%，292.5°时最低，占 28.26%；10~20cm 土层中，337.5°时最高，而 292.5°时低于其他方向；20~40cm 土层中，各取样方向间差异不显著。

表 5-28 表明，0~10cm 土层黏粒含量受取样距离影响显著（$F=6.26$，$P=0.02$），取样距离对于砂粒含量的影响达到极显著水平（$F=12.51$，$P<0.01$）；20~40cm 土层粉粒含量则受两者交互作用的影响（$F=5.34$，$P=0.03$）。

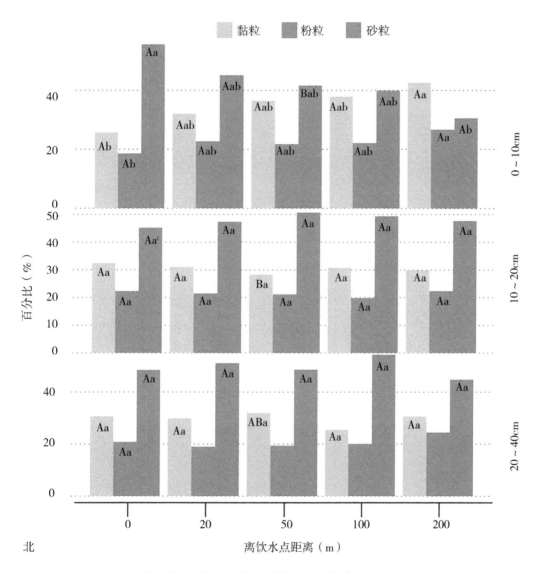

图 5-29 饮水点位于牧场北边位置情况下土壤粒径随取样距离的变化

注：小写字母表示不同取样距离间的差异，相同字母表示差异不显著，不同字母表示差异显著（$P=0.05$ 水平上）。

表 5-27　饮水点位于牧场北边位置情况下不同取样方向土壤粒径的变化

土壤粒径组成	土层	取样方向 (°)							
		112.5	135	157.5	180	202.5	225	247.5	270
黏粒 (%)	0~10cm	34.03±3.85Aa	36.50±9.67Aa	31.49±7.60Aa	35.65±8.16Aa	30.37±4.42Aa	32.57±0.97Aa	34.70±2.96Aa	35.28±5.69Aa
	10~20cm	31.14±2.08Aa	31.43±3.77Aa	29.74±3.00Aa	29.87±3.21Aa	28.50±1.43Aa	29.11±6.21Aa	32.78±9.52Aa	31.76±9.97Aa
	20~40cm	33.96±8.31Aa	28.13±9.49Aa	27.94±2.99Aa	31.44±4.44Aa	28.99±6.74Aa	27.99±3.44Aa	27.07±4.82Aa	31.51±0.90Aa
粉粒 (%)	0~10cm	19.64±0.76Aa	21.51±7.86Aa	21.41±4.67Aa	21.63±1.55Aa	22.83±2.11Aa	24.21±2.64Aa	23.91±6.42Aa	22.2±4.97AA
	10~20cm	17.77±2.79Ab	20.32±2.09Aab	22.02±2.23Aab	22.59±1.70Aab	20.01±2.07Aab	23.88±3.77Aa	20.54±4.20Aab	18.85±6.01Ab
	20~40cm	21.79±4.32Aab	17.84±5.62Ab	19.88±4.16Aab	24.29±5.91Aa	20.56±2.66Aab	21.59±3.02Aab	19.50±2.93Aab	19.35±2.95Aab
砂粒 (%)	0~10cm	46.32±3.66Aa	41.98±11.46Aa	47.10±11.77Aa	42.72±8.16Aa	46.79±8.00Aa	43.22±3.20Aa	41.39±8.34Aa	42.52±10.24Aa
	10~20cm	51.09±2.50Aa	48.24±2.33Aa	48.23±4.86Aa	47.54±2.73Aa	51.49±1.88Aa	47.00±9.34Aa	46.69±9.72Aa	49.39±8.95Aa
	20~40cm	44.25±10.49Aa	54.03±9.88Aa	52.18±2.89Aa	44.26±8.39Aa	50.45±6.16Aa	50.42±5.50Aa	53.43±4.04Aa	49.13±2.90Aa

注：大写字母表示各土层间的差异，小写字母表示不同取样方向间的差异 ($P=0.05$ 水平上)。

表 5-28 饮水点位于牧场北边位置情况下不同取样距离与方向对土壤粒径的影响（自由度＝1）

群落特征	影响因子		
	距离	方向	距离×方向
土壤黏粒 1（%）	6.26*	0.18	0.08
土壤粉粒 1（%）	0.36	0.66	2.12
土壤砂粒 1（%）	12.51**	0.37	1.10
土壤黏粒 2（%）	0.93	0.00	0.30
土壤粉粒 2（%）	3.26	2.10	2.79
土壤砂粒 2（%）	0.15	0.36	1.10
土壤黏粒 3（%）	0.92	0.29	0.94
土壤粉粒 3（%）	1.47	5.34*	2.51
土壤砂粒 3（%）	0.03	0.38	0.71

注：* 表示在 0.05 水平上差异显著；** 表示在 0.01 水平上差异显著。

5.4.5 饮水点位于牧场中心位置情况下土壤粒径的变化

5.4.5.1 饮水点位于牧场中心位置情况下土壤粒径随取样距离的变化

饮水点位于牧场中心位置情况下还是以砂粒为主，只有 200m 处 0~10cm 土层中以黏粒为主（图 5-30）。黏粒含量变化为，0~10cm 土层中，200m 处的显著高于 0m；10~20cm 土层，随着取样距离的增加黏粒含量逐渐增加但没有达到显著水平；20~40cm 土层中，100m 处最高（38.88%）。同一距离不同土层间变化均为 0~10cm 土层和 20~40cm 土层高于 10~20cm。对粉粒含量而言，0~10cm 和 10~20cm 土层中均是 50cm 处最高。不同土层间均呈先增加后减少趋势。砂粒含量变化为，0~10cm 和 10~20cm 土层中，均是随着取样距离的增加逐渐减少，而在 20~40cm 土层中呈"W"形变化，即先减少后增加又减少后又增加的变化趋势。各土层变化为，除 200m 处逐层减少外，其余距离各土层均呈先增加后减少变化趋势。

5.4.5.2 饮水点位于牧场中心位置情况下不同取样方向土壤粒径的变化

饮水点位于牧场中心位置情况下不同取样方向土壤粒径如表 5-29。对土壤黏粒含量而言，0~10cm 土层中，各取样方向差异不显著，90° 时最高（32.85%），270° 时最低（26.88%）；10~20cm 土层中，0° 时显著高于其他方向，45°、90° 和 135° 时显著高于 225°、270° 和 315°；20~40cm 土层中，各取样方向差异不显著，其中 0° 时最高（33.35%），315° 时最低（25.73%）。对于同一取样方向 3 个垂直土层间变化为，225° 时，10~20cm 土层显著低于 0~10cm 和 20~40cm 土层，其余取样方向各土层间没有显著差异。对土壤粉粒含量变化而言，0~10cm 土层中，315° 时显著高于其他方向，而 180° 时显著低于其他方向；10~20cm 土层变化与 0~10cm 土层相同；20~40cm 土层中，0° 时显著高于其他 7 个取样方向。对于同一取样方向 3 个垂直土层间变化为，45° 时，20~40cm 土层显著高于 10~20cm，0~10cm 土层与下面两个土层间没有显著差异，其他取样方向各土层间的差异不显著。土壤砂粒含量而言，0~10cm 土层中，225° 和 270° 时最高，分别为 50.58% 和 52.23%，而 90° 时最低（47.8%）。10~20cm 土层中，225° 时显著高于其他各取样方向，而 0° 时显著低于其他各取样方向。20~40cm 土层中，各取样方向间没有差异，其中 270° 时最高（52.19%），0° 时最低（43.08%）。对于同一取样方向 3 个垂直土层中，只有 225° 的 10~20cm 土层砂粒含量显著高于 0~10cm 和 20~40cm 土层，而 0~10cm 和 20~40cm 土层间没有显著差异。

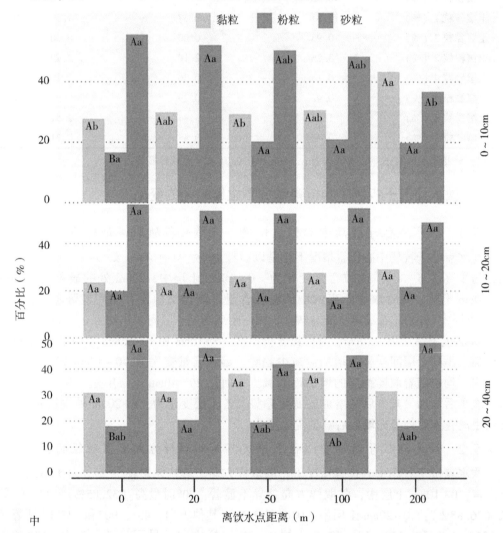

图 5-30　饮水点位于牧场中心位置情况下土壤粒径随取样距离的变化

注：小写字母表示不同取样距离间的差异，相同字母表示差异不显著，不同字母表示差异显著（$P=0.05$ 水平上）。

表 5-30 表明，0~10cm 土层黏粒含量（$F=5.01$，$P=0.03$）和砂粒含量（$F=6.88$，$P=0.02$）受取样距离影响显著，3 个土层粉粒含量则受取样方向影响极显著（0~10cm 土层 $F=11.12$，$P<0.01$；10~20cm 土层 $F=16.51$，$P<0.01$；20~40cm 土层 $F=10.21$，$P<0.01$）。

表 5-29 饮水点位于牧场中心位置情况下不同取样方向土壤粒径的变化

土壤粒径组成	土层	取样方向 (°)							
		0	45	90	135	180	225	270	315
黏粒 (%)	0~10cm	30.20±7.23Aa	31.84±9.26Aa	32.85±10.31Aa	32.19±8.65Aa	32.37±10.76Aa	27.47±4.54Aa	26.88±6.70Aa	27.84±5.18Aa
	10~20cm	30.35±6.51Aa	29.60±7.11Aab	29.49±9.24Aab	30.05±7.54Aab	24.93±5.11Abc	21.33±6.01Bc	22.85±4.69Ac	23.99±4.89Ac
	20~40cm	33.35±6.46Aa	31.66±11.3Aa	31.55±7.25Aa	29.58±10.4Aa	31.30±10.5Aa	29.50±10.7Aa	27.26±8.85Aa	25.73±5.11Aa
粉粒 (%)	0~10cm	21.95±4.10Aabc	20.72±2.7ABabc	20.07±3.47Abc	20.32±3.09Abc	19.17±3.32Ac	21.95±2.84Aabc	22.90±5.31Aab	23.33±3.30Aa
	10~20cm	20.62±4.04Abc	20.29±2.03Bbc	19.99±1.95Abc	19.43±3.09Abc	18.53±3.18Ac	20.45±3.75Abc	22.29±5.89Aab	23.63±4.80Aa
	20~40cm	23.57±6.24Aa	22.47±3.27Aab	20.11±3.04Aab	20.56±5.96Aab	18.73±3.72Ab	20.09±5.86Aab	20.54±5.08Aab	22.35±5.09Aab
砂粒 (%)	0~10cm	47.85±8.36Aa	47.44±10.27Aa	47.08±11.46Aa	47.490±8.46Aa	48.47±9.49Aa	50.58±6.24Ba	50.23±10.98Aa	47.64±9.83Aa
	10~20cm	49.03±7.86Ac	50.11±7.33Abc	50.52±10.0Abc	50.52±6.24Abc	56.53±5.66Aab	58.22±6.51Aa	54.86±10.0Aabc	52.37±8.3Aabc
	20~40cm	43.08±9.98Aa	45.87±9.87Aa	48.34±7.83Aa	49.86±10.70Aa	49.98±8.26Aa	50.41±11.35Ba	52.19±12.22Aa	51.92±8.52Aa

注: 大写字母表示各土层间的差异，小写字母表示不同取样方向间的差异 ($P=0.05$ 水平上)。

表 5-30 饮水点位于牧场中心位置情况下不同取样距离与方向对土壤粒径的影响（自由度=1）

群落特征	影响因子		
	距离	方向	距离×方向
土壤黏粒 1（%）	5.01*	1.03	0.14
土壤粉粒 1（%）	0.23	11.12**	1.43
土壤砂粒 1（%）	6.88*	0.09	0.64
土壤黏粒 2（%）	0.22	1.17	0.58
土壤粉粒 2（%）	0.06	16.51**	0.01
土壤砂粒 2（%）	0.07	0.74	0.31
土壤黏粒 3（%）	1.95	0.43	0.58
土壤粉粒 3（%）	1.57	10.21**	0.06
土壤砂粒 3（%）	0.48	0.27	0.46

注：*表示在 0.05 水平上差异显著；**表示在 0.01 水平上差异显著。

5.5 饮水点位于牧场不同位置情况下土壤养分的变化

5.5.1 饮水点位于牧场东边位置情况下土壤养分的变化

5.5.1.1 饮水点位于牧场东边位置情况下土壤养分随取样距离的变化

饮水点位于牧场东边位置情况下，0~10cm、10~20cm 和 20~40cm 3 个土层土壤全氮随着取样距离的增加呈先减少后增加的变化趋势，50m 处取最低值，但均没有达到显著水平。不同土层变化为，在离饮水点 0m 和 50m 处 0~10cm 和 10~20cm 土层的全氮含量显著高于 20~40cm 土层，20m、100m 和 200m 处 0~10cm 土层显著高于 10~20cm，10~20cm 土层又显著高于 20~40cm 土层。0~10cm 和 10~20cm 土层各距离处全磷含量趋于稳定，变化不大；20~40cm 土层中，0m 和 200m 处全磷显著高于 50m。同一距离不同土层间变化为 0m 和 200m 处各土层的全磷含量没有显著差异；20m、50m 和 100m 处 0~10cm 和 10~20cm 土层的全磷含量显著高于 20~40cm，这两个土层间差异不显著。土壤有机质随着取样距离的增加逐渐减少，0m 处有机质显著高于 50m。10~20cm 和 20~40cm 土层各距离处没有显著差异。同一距离不同土层间差异均是 0~10cm 显著高于 10~20cm，10~20cm 又显著高于 20~40cm 土层（图 5-31）。

5.5.1.2 饮水点位于牧场东边位置情况下不同取样方向土壤养分的变化

饮水点位于牧场东边位置情况下不同方向 0~10cm、10~20cm 和 20~40cm 土层土壤养分的变化特征如图 5-32。由图 5-32 可看出土壤全氮含量来说，0~10cm 土层中，270°时最高（0.26%），292.5°时最低（0.24%）；10~20cm 土层，135°时最高（0.23%），225°时最低（0.21%）；20~40cm 土层，157.5°的全氮含量显著高于其他方

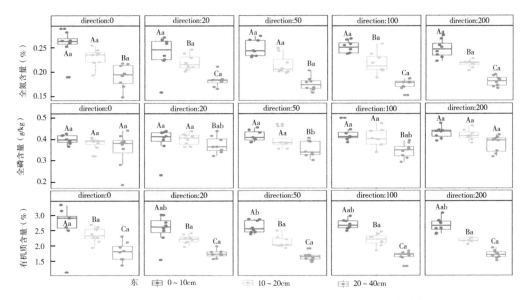

图 5-31　饮水点位于牧场东边位置情况下土壤养分随取样距离的变化

注：图中大写字母表示各土层间的差异显著性，小写字母表示各取样距离间的差异（$P=0.05$ 水平上）。

向，为 0.20%，225°和 247.5°的显著低于其他方向，分别为 0.17% 和 0.18%，180°、292.5°、135°、202.5°和 270°的全氮含量依次为 0.19%、0.18%、0.18%、0.18% 和 0.18%。同一取样方向不同土层变化为，135°和 202.5°时，0～10cm 土层的高于 10～20cm 土层，但二者没有达到显著水平，20～40cm 土层的显著低于 0～10cm 和 10～20cm 土层；157.5°时 0～10cm 土层的高于 20～40cm 土层，而 10～20cm 土层与两者均没有显著差异；180°、225°、247.5°、270°、292.5°的 10～20cm 土层全氮含量显著低于 0～10cm，并同时显著高于 20～40cm 土层，表明土壤全氮含量的表聚效应明显。

土壤全磷含量变化为，0～10cm 土层中，270°的最高（0.44g/kg），135°的最低（0.39g/kg），但与其他方向没有显著差异；10～20cm 土层中，也是 270°的最高（0.44g/kg），而 57.5°、25°和 135°的显著低于 270°，分别为 0.39g/kg、0.38g/kg 和 0.38g/kg；20～40cm 土层中，157.5°的最高（0.39g/kg），225°的最低（0.33g/kg），各个取样方向间差异不显著。对于各个取样方向不同土层全磷含量变化为，135°、157.5°、180°和 202.5°的 3 个土层全磷含量没有显著差异，而 225°、247.5°、270°和 292.5°的 0～10cm 和 10～20cm 两个土层间差异不显著，而显著高于 20～40cm 土层。

土壤有机质变化，0～10cm 土层中 180°的最高（2.78%），135°的最低（2.48%），但与其他方向差异没有达到显著水平；10～20cm 土层中，135°的显著高于其他取样方向（2.35%），225°的显著低于其他取样方向（2.07%），其他 6 个方向间没有显著差异；20～40cm 土层中，157.5°的显著高于其他方向（1.93%），而 247.5°和 225°的显著低于其他方向（1.65% 和 1.62%）。对于各个取样方向不同土层间变化为，135°和 157.5°时 0～10cm 土层的显著高于 20～40cm，10～20cm 土层与上下土层没有显著差异。

180°、202.5°、225°、247.5°、270°和292.5°时 0~10cm 土层的显著高于 10~20cm 和 20~40cm 土层，20~40cm 土层的显著低于 10~20cm 土层。

由表 5-31 可知，0~10cm 养分不受取样距离的影响，而取样方向对于 0~10cm 土层（$F=5.99$，$P=0.02$）和 10~20cm 土层（$F=4.26$，$P=0.04$）影响显著。

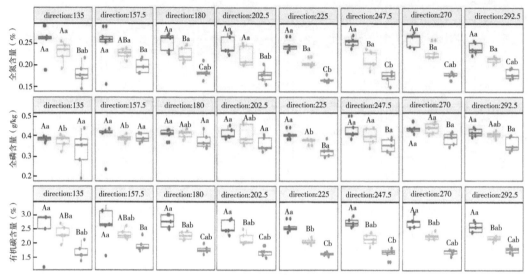

图 5-32　饮水点位于牧场东边位置情况下不同取样方向土壤养分的变化

注：图中大写字母代表各土层间的差异显著性，小写字母为各取样方向差异（$P=0.05$ 水平上），下同。

表 5-31　饮水点位于牧场东边位置情况下不同取样距离与

方向对土壤养分的影响（自由度=1）

群落特征	影响因子		
	距离	方向	距离×方向
全氮 1（%）	0.19	0.10	0.10
全氮 2（%）	0.25	2.17	0.16
全氮 3（%）	0.11	2.08	0.04
全磷 1（g/kg）	0.30	5.99*	0.01
全磷 2（g/kg）	0.02	4.26*	0.35
全磷 3（g/kg）	2.44	0.69	0.75
有机质 1（%）	0.09	0.26	0
有机质 2（%）	0.13	3.07	0.24
有机质 3（%）	0.64	0.93	0.37

注：* 表示在 0.05 水平上差异显著。

5.5.2 饮水点位于牧场西边位置情况下土壤养分的变化

5.5.2.1 饮水点位于牧场西边位置情况下土壤养分随取样距离的变化

饮水点位于牧场西边位置情况下，0~10cm 土壤全氮含量随取样距离的增加逐渐降低，0m 与 200m 有显著差异；10~20cm 和 20~40cm 土层各距离处全氮含量没有显著差异。同一距离不同土层间差异为，0m、20m 和 200m 处 0~10cm 全氮含量显著高于 10~20cm 和 20~40cm 土层；50m 和 100m 处为 0~10cm 土层的显著高于 10~20cm，20~40cm 土层的显著低于上面的两个土层。全磷含量而言，0~10cm 土层中，0m 处的显著高于 200m，20m、50m 和 100m 居于二者间；10~20cm 和 20~40cm 土层各距离处没有显著差异。0m、20m 和 100m 处，20~40cm 土层的全磷显著低于 0~10cm 土层。0~10cm 土层，20m 处有机质含量显著高于 100m。各个取样距离均为 0~10cm 土层有机质含量显著高于 10~20cm，20~40cm 土层的显著低于上两个土层（图 5-33）。

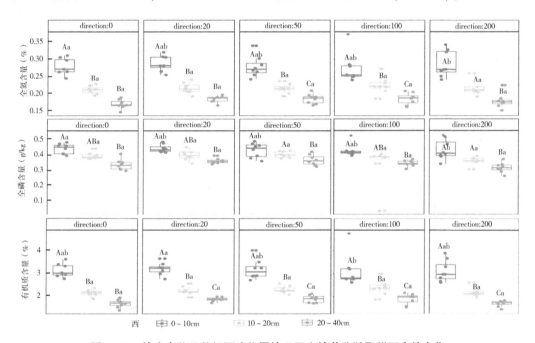

图 5-33 饮水点位于牧场西边位置情况下土壤养分随取样距离的变化

注：图中大写字母表示各土层间的差异显著性，小写字母表示各取样距离间的差异（$P=0.05$ 水平上）。

5.5.2.2 饮水点位于牧场西边位置情况下不同取样方向土壤养分的变化

饮水点位于牧场西边位置情况下不同取样距离土壤养分的变化如图 5-34。土壤全氮含量来说，0~10cm 土层中，315°的最高（0.29%），337.5°的最低（0.27%）；10~20cm 土层中，112.5°的显著高于其他方向（0.23%），而 0°的显著低于其他方向（0.21%）；20~40cm 土层中，45°、67.5°、90°和 112.5°的显著高于 0°的，而 22.5°、315°和 337.5°的居中。对于各个取样方向不同土层的全氮含量为，0°、22.5°、45°、67.5°和 337.5°时 0~10cm 土层的显著高于其余 2 个土层，10~20cm 土层的显著高于

20~40cm，表明全氮含量的表聚现象明显。90°和315°时 0~10cm 土层的显著高于 10~20cm 和 20~40cm 土层，而 10~20cm 和 20~40cm 土层间没有显著差异。112.5°时 0~10cm 和 10~20cm 土层的显著高于 20~40cm 土层。

各取样方向全磷含量变化为，0~10cm 土层中，90°的最低（0.44g/kg），337.5°的最高（0.43g/kg），其余取样方向居于这 2 个方向之间，但差异没有达到显著水平；10~20cm 土层中，315°的显著低于其他 7 个方向（0.28g/kg），其他 7 个取样方向全磷含量取值变化为 0.37~0.41g/kg；20~40cm 土层中，67.5°的显著高于其他方向，0°和 337.5°时显著低于其他方向（0.32g/kg 和 0.32g/kg）。对于各取样方向不同土层间差异为，0°、45°、112.5°和 337.5°时，10~20cm 土层显著低于 0~10cm 土层，且显著高于 20~40cm 土层。22.5°和 90°时，0~10cm 土层显著高于 20~40cm 土层，而 10~20cm 土层与上下土层没有显著差异。67.5°时各土层没有显著。315°时 0~10cm 土层显著高于 10~20cm 土层，而 20~40cm 土层与上 2 个土层没有显著差异。

土壤有机质含量的变化为，0~10cm 土层中，各取样方向间没有显著差异，其中最高的是 45°，为 3.28%，337.5°的最低，为 2.90%；10~20cm 土层中，112.5°的显著高于 0°、22.5°、315 和 337.5°；20~40cm 土层中，45°、67.5°、90°和 112.5°的显著高于 0°和 337.5°，而与 22.5°和 315°没有显著差异。对于各取样方向不同土层间的变化特征为，0°、22.5°、45°、67.5 和 337.5°时，0~10cm 土层的显著高于 10~20cm，而 10~20cm 土层的显著高于 20~40cm 土层，表明随着土层加深有机质含量逐渐减少。90°、112.5°和 315°时，0~10cm 土层的显著高于 10~20cm 和 20~40cm 土层。

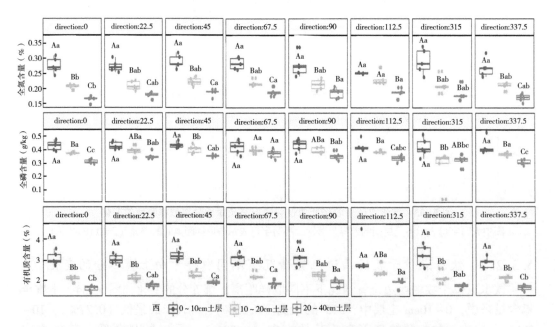

图 5-34 饮水点位于牧场西边位置情况下不同取样方向土壤养分的变化

注：图中大写字母表示各土层间的差异显著性，小写字母表示各取样方向间的差异（$P=0.05$ 水平上）。

由表 5-32 可知，0~10cm 土层全磷受取样距离的影响（$F=7.08$，$P=0.01$），而取样方向对于 10～20cm 土层（$F = 9.62$，$P < 0.01$）和 20～40cm 土层（$F = 5.50$，$P = 0.02$）影响显著。

表 5-32 饮水点位于牧场西边位置情况下不同取样距离与方向对土壤养分的影响（自由度＝1）

群落特征	影响因子		
	距离	方向	距离×方向
全氮 1（%）	3.48	0.00	0.03
全氮 2（%）	2.02	0.31	0.23
全氮 3（%）	2.79	0.07	4.03
全磷 1（g/kg）	7.08*	0.42	0.58
全磷 2（g/kg）	0.00	9.62**	2.10
全磷 3（g/kg）	0.13	5.50*	0.00
有机质 1（%）	3.26	3.37	0.00
有机质 2（%）	1.73	0.95	0.14
有机质 3（%）	0.98	2.6	1.34

注：* 表示在 0.05 水平上差异显著；** 表示在 0.01 水平上差异显著。

5.5.3 饮水点位于牧场南边位置情况下土壤养分的变化

5.5.3.1 饮水点位于牧场南边位置情况下土壤养分随取样距离的变化

饮水点位于牧场南边位置情况下，0～10cm 土层中 50m 处的全氮含量显著高于 100m 处；10～20cm 土层中，50m 处的显著低于 0m，20～40cm 土层中也是 50m 处于最低值。同一距离不同土层间阶梯式显著降低。全磷含量而言，0～10cm 土层中随取样距离的增加逐渐降低，但没有达到显著水平；10～20cm 土层中，随取样距离的增加呈先减少后增加的变化趋势，50m 处全磷含量显著低于 200m 处；20～40cm 土层中，0m 处的最高，显著高于 50m 和 100m。不同土层间差异为，0m 和 50m 处随着土层加深全磷含量显著减少；20m 和 100m 处，0～10cm 土层的高于 20～40cm 土层，10～20cm 土层居中，并与上下层土层没有显著差异；200m 处为 0～10cm 和 10～20cm 土层的显著高于 20～40cm 土层。0～10cm 土层中，饮水点附近的有机质含量最高，此后随取样距离的增加逐渐减少，各距离处的差异并没有达到显著水平；10～20cm 土层中，随着离饮水点取样距离增加呈先增加后减少趋势，0m 处的显著高于 50m；20～40cm 土层中，20m 处的最高，显著高于 50m。各土层中除了 100m 外，其余 4 个距离处各土层有机质含量显著逐渐降低（图 5-35）。

5.5.3.2 饮水点位于牧场南边位置情况下土壤养分随取样距离的变化

饮水点位于牧场南边位置情况下不同取样方向土壤养分的变化特征如图 5-36。由图所示，0～10cm 土层中，0°和 67.5°全氮含量最高显著高于 22.5°；10～20cm 土层中，也是 0°的全氮含量最高，显著高于 270°、292.5°；20～40cm 土层中，各取样方向间没有显著差异。对于同一方向不同土层间全氮含量变化特征为，0°、45°、67.5°、292.5°、315°和 337.5°的呈逐层逐渐显著减少的趋势，22.5°的 3 层土壤间没有显著差

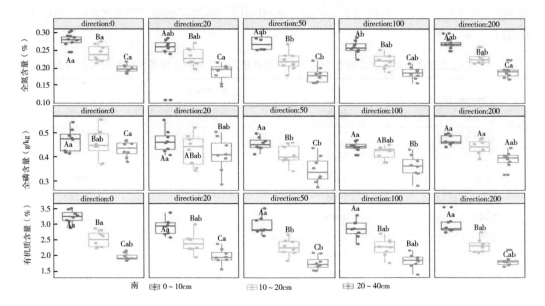

图 5-35　饮水点位于牧场南边位置情况下土壤养分随取样距离的变化

注：图中大写字母表示各土层间的差异显著性，小写字母表示各取样距离间的差异（$P=0.05$ 水平上）。

异，270° 的则是 0～10cm 土层的显著高于 10～20cm 和 20～40cm 土层，但 10～20cm 和 20～40cm 间差异不显著。

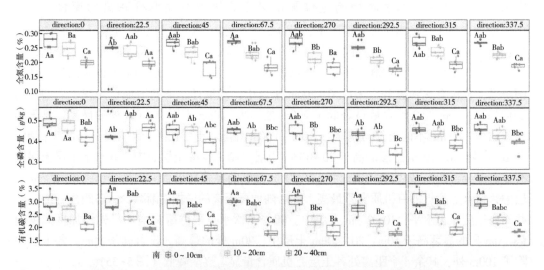

图 5-36　饮水点位于牧场南边位置情况下不同取样方向土壤养分的变化

注：图中大写字母表示各土层间的差异显著性，小写字母表示各取样方向间的差异（$P=0.05$ 水平上）。

　　0～10cm 土层中，0° 的全磷含量显著高于 22.5° 和 292.5°，与其他各个取样方向没有显著差异；10～20cm 土层中，0° 的显著高于 45°、67.5°、270° 和 292.5°；20～40cm 土层中，22.5° 与 0° 没有显著差异，而与 45°、67.5°、270°、292.5°、315° 和 337.5° 均具有显著差异。0°、45°、67.5°、270°、292.5°、315° 和 337.5° 的不同土层间变化为，

0~10cm 和 10~20cm 土层间没有显著差异，显著高于 20~40cm 土层；0° 和 45°的各土层间差异均没有达到显著水平。

对于有机质含量而言，0~10cm 土层中各取样方向间均没有显著差异；10~20cm 土层中 0°的显著高于 270°和 292.5°，22.5°的也显著高于 292.5°；20~40cm 土层中各取样方向间没有显著差异。22.5°、45°、67.5°、292.5°、315°和 337.5°的 0~10cm 土层的显著高于 10~20cm 土层，10~20cm 土层的显著高于 20~40cm 土层，逐层显著减少。0°的则是 0~10cm 和 10~20cm 间没有显著差异，但均显著高于 20~40cm 土层。270°时 10~20cm 和 20~40cm 均显著低于 0~10cm，但两者间没有显著差异。

表 5-33 可知，饮水点位于牧场南边位置情况下，取样距离对于 20~40cm 土层有机质外的土壤养分起显著甚至极显著影响。取样方向对于土壤养分的影响并没有达到显著水平。

表 5-33　饮水点位于牧场南边位置情况下不同取样距离与方向对土壤养分的影响（自由度=1）

群落特征	影响因子		
	距离	方向	距离×方向
全氮 1（%）	9.63**	2.36	1.80
全氮 2（%）	4.78*	3.28	0.29
全氮 3（%）	4.99*	1.78	1.16
全磷 1（g/kg）	7.88**	1.67	0.98
全磷 2（g/kg）	5.03*	1..08	0.20
全磷 3（g/kg）	4.44*	1.73	1.50
有机质 1（%）	8.78**	1.96	0.84
有机质 2（%）	4.80*	2.08	0.26
有机质 3（%）	3.17	2.07	0.99

注：* 表示在 0.05 水平上差异显著；** 表示在 0.01 水平上差异显著。

5.5.4　饮水点位于牧场北边位置情况下土壤养分的变化

5.5.4.1　饮水点位于牧场北边位置情况下土壤养分随取样距离的变化

饮水点位于牧场北边位置情况下，饮水点附近的 0~10cm 土层全氮含量最高，显著高于 20m 处，但是与 50m、100m 和 200m 处没有显著差异。10~20cm 和 20~40cm 土层中各取样距离的全氮含量均呈先增加后减少趋势，但没有显著差异。不同土层间变化为，0m、20m 和 50m 处各土层从上到下显著减少；100m 和 200m 处则是 0~10cm 土层的显著高于 10~20cm 和 20~40cm 土层，此 2 个土层间没有显著差异（图 5-37）。

0~10cm 土层的全磷含量变化为从 0m 到 100m 逐渐减少后又增加的变化趋势，100m 处的全磷含量显著低于 0m 处和 200m 处，与 20m 和 50m 处差异不显著；10~20cm 土层各距离间全磷含量没有显著差异；20~40cm 土层中，随着取样距离的增加逐渐增加，0m 处的显著低于 20m、50m 和 100m，与 200m 差异没有达到显著水平。0m 处 0~10cm 和 10~20cm 土层全磷显著高于 20~40cm；20m、50m 和 200m 处均是 0~10cm 土层的显著高于 10~20cm 和 20~40cm 土层，但此 2 个土层间没有显著差异。100m 处则是0~10cm土层显著高于20~40cm，10~20cm与上下两层没有显著差异。

0~10cm土层有机质随取样距离的增加逐渐减少到50m处取最低值，此后又逐渐增加；10~20cm和20~40cm各距离处没有显著差异。同一距离不同土层变化为0m、50m、100m和200m处均是0~10cm土层的显著高于10~20cm和20~40cm土层。

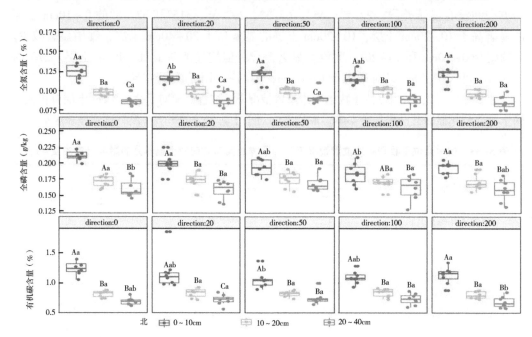

图5-37 饮水点位于牧场北边位置情况下土壤养分随取样距离的变化

注：图中大写字母表示各土层间的差异显著性，小写字母表示各取样距离间的差异（*P*=0.05水平上）。

5.5.4.2 饮水点位于牧场北边位置情况下不同取样方向土壤养分的变化

饮水点位于牧场北边位置情况下不同取样方向土壤养分的变化特征如图5-38。全氮含量而言，0~10cm土层中，157.5°的显著低于202.5°，其他方向全氮含量与上述2个取样方向没有显著差异；10~20cm土层中，270°的最高（0.10%），135°的最低（0.10%）；20~40cm土层中，与10~20cm土层相同，还是270°的最高（0.09%），而112.5°的最低（0.09%）。对于同一方向不同土层变化为，112.5°、135°、180°、202.5°、225°时0~10cm土层的显著高于10~20cm土层，10~20cm土层的显著高于20~40cm土层，随土层深度加深，全氮含量逐渐减少。

全磷含量变化为，0~10cm土层中，202.5°的显著高于135°（0.18%）、157.5°（0.19%）、247.5°（0.19%）；10~20cm土层中，202.5°时最高（0.18g/kg），112.5°时最低（0.17g/kg）；20~40cm土层中，225°时最高（0.17g/kg），135°时最低（0.16g/kg）。对于同一取样方向不同土层全磷含量变化为，112.5°、135°、202.5°、225°、270°时0~10cm土层的显著高于10~20cm和20~40cm土层，10~20cm和20~40cm土层间没有显著差异。157.5°时0~10cm土层的显著高于10~20cm，10~20cm土层的显著高于20~40cm土层。247.5°时0~10cm土层的显著高于20~40cm土层，10~

20cm 土层的与上下层的没有显著差异。

各取样方向有机质变化为，0～10cm 土层中，202.5°时最高（1.27%），157.5°时最低（1.06%），其他方向取值居中；10～20cm 土层中，270°时最高（0.87%），225°时最低（0.79%）；20～40cm 土层中，还是 270°的最高（0.78%），而 112.5°的最低（0.67%）。对于同一取样方向不同土层而言，112.5°、135°、180°、202.5°225°和270°时 0～10cm 土层的显著高于 10～20cm 和 20～40cm 土层，而 10～20cm 和 20～40cm 土层间没有显著差异。157.5°和247.5°时 0～10cm 土层的显著高于 10～20cm，10～20cm 土层的显著高于 20～40cm 土层。

表 5-34 可知，饮水点位于牧场的北边位置情况下取样距离对于土壤养分没有显著影响，而取样方向对于 10～20cm 土层全磷有显著影响（$F=4.26$，$P=0.04$）。

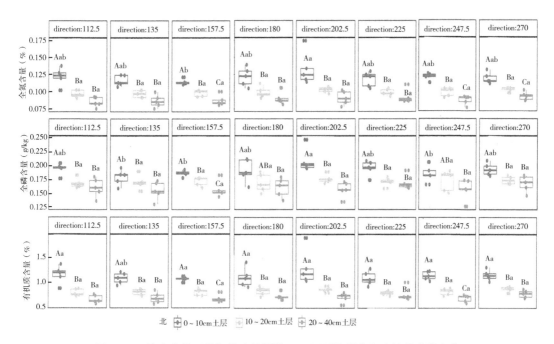

图 5-38 饮水点位于牧场北边位置情况下不同取样方向土壤养分的变化

注：图中大写字母表示各土层间的差异显著性，小写字母表示各取样方向间的差异（$P=0.05$ 水平上）。

表 5-34 饮水点位于牧场北边位置情况下不同取样距离与方向对土壤养分的影响（自由度=1）

群落特征	影响因子		
	距离	方向	距离×方向
全氮 1（%）	0.15	0.07	0.13
全氮 2（%）	0.41	0.53	0.56
全氮 3（%）	0.47	1.97	2.61
全磷 1（g/kg）	0.43	0.01	1.27

（续表）

群落特征	影响因子		
	距离	方向	距离×方向
全磷2（g/kg）	0.14	4.26*	0.84
全磷3（g/kg）	0.06	2.45	3.21
有机质1（%）	0.02	0.00	0.02
有机质2（%）	0.15	0.16	0.73
有机质3（%）	0.33	1.52	1.45

注：* 表示在 0.05 水平上差异显著。

5.5.5 饮水点位于牧场中心位置情况下土壤养分的变化

5.5.5.1 饮水点位于牧场中心位置情况下土壤养分随取样距离的变化

饮水点位于牧场中心位置情况下，0~10cm 土层饮水点附近全氮含量最高，但是各距离处的差异没有达到显著水平；10~20cm 和 20~40cm 土层全氮均是从 0m 处逐渐增加，100m 处达到最大值，此后又降低。同一距离不同土层的变化为，50m 处 0~10cm 土层显著高于 10~20cm，10~20cm 土层又显著高于 20~40cm，表聚现象显著；0m 和 20m 处，0~10cm 土层显著高于 10~20cm 和 20~40cm 土层，但此两个土层间差异不显著。100m 和 200m 处 0~10cm 土层显著高于 20~40cm 土层，10~20cm 土层与上下两层没有显著差异（图 5-39）。

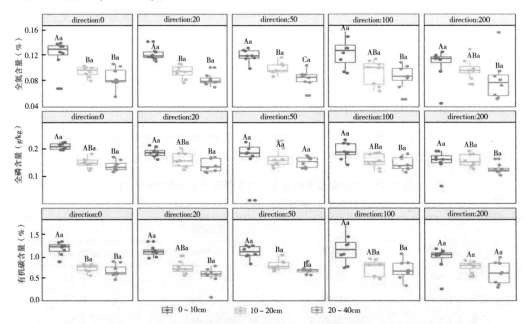

图 5-39 饮水点位于牧场中心位置情况下土壤养分随取样距离的变化

注：图中大写字母表示各土层间的差异显著性，小写字母表示各取样距离间的差异（$P=0.05$ 水平上）。

对全磷含量而言，0~10cm 土层中，随着取样距离的增加逐渐减少；10~20cm 土层和 20~40cm 土层中，从 0m 处逐渐增加至 50m，之后又减少。同一距离不同土层间变化为 0m、20m、100m 和 200m 处，0~10cm 土层显著高于 20~40cm 土层，10~20cm 土层则与上下两层没有显著差异。

有机质变化为，3 个土层中均在饮水点附近处最高，20m 处最低，此后增加，200m 处又减少。对于同一距离不同土层变化为 0m 和 50m 处 0~10cm 土层显著高于 10~20cm 和 20~40cm 土层，但此两个土层间差异不显著；20m 和 100m 处 0~10cm 土层显著高于 20~40cm 土层，10~20cm 土层则与上下两层全磷没有显著差异；200m 处 3 个土层有机质没有显著差异。

5.5.5.2 饮水点位于牧场中心位置情况下不同取样方向土壤养分的变化

饮水点位于牧场中心位置情况下不同取样方向土壤养分的变化特征如图 5-40 所示。0~10cm 土层中，225° 的全氮含量最高，180° 的最低，但是各取样方向间没有显著差异；10~20cm 土层中，315° 的显著高于 0° 和 135°，与其他方向差异没有达到显著水平。20~40cm 土层中，315° 显著高于 0°、135°、180° 和 225°，与 45° 和 270° 差异不显著。同一方向不同土层间变化为，0°、45°、90°、135° 和 270° 中，0~10cm 土层显著高于 10~20cm 和 20~40cm 土层，而此两个土层间差异不显著。

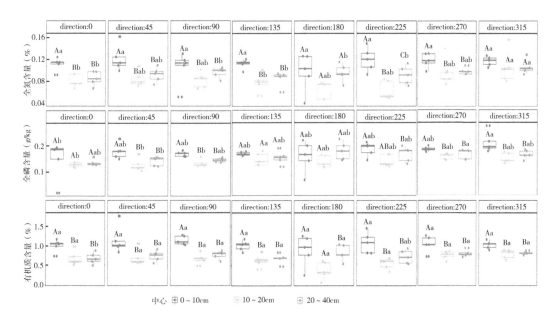

图 5-40 饮水点位于牧场中心位置情况下不同取样方向土壤养分的变化

注：图中大写字母表示各土层间的差异显著性，小写字母表示各取样方向间的差异（$P=0.05$ 水平上）。

全磷含量变化为，0~10cm 土层中，315° 的显著高于 0°，与其他方向没有显著差异；10~20cm 土层时，135° 的显著高于 0°、45° 和 90°；20~40cm 土层中，270° 的显著高于 45°，其他方向间差异不显著。同一方向不同土层间变化为 45°、90°、270° 和 315° 的 0~10cm 土层显著高于 10~20cm 和 20~40cm 土层，而此两个土层间差异不显著。

225°变化为 0~10cm 土层显著高于 20~40cm 土层，10~20cm 与上下土层间差异不显著。0°、135°和180°的 3 个土层间差异不显著。

有机质变化为，0~10cm 土层中，90°和225°的显著高于 180°；10~20cm 土层中315°的显著高于 180°；20~40cm 土层中 180°的显著高于 0°，与其他方向差异不显著。同一取样方向不同土层间变化为 0°、45°、90°、225°、270°、270°和315°的 0~10cm 土层显著高于 10~20cm 和 20~40cm 土层，而此两个土层间差异不显著。180°的 0~10cm 和 10~20cm 土层显著高于 20~40cm 土层，0~10cm 和 10~20cm 土层间没有显著差异。

表 5-35 可知，取样方向对于 0~10cm 和 10~20cm 土层全磷含量具有显著影响（0~10cm 土层 $F=5.99$，$P=0.02$；10~20cm 土层 $F=4.27$，$P=0.04$）。取样距离对于土壤养分没有影响。

表 5-35　饮水点位于牧场中心位置情况下不同取样距离与
方向对土壤养分的影响（自由度=1）

群落特征	影响因子		
	距离	方向	距离×方向
全氮 1（%）	0.28	0.1	0.00
全氮 2（%）	0.25	2.17	0.16
全氮 3（%）	0.01	2.08	0.04
全磷 1（g/kg）	0.3	5.99*	0.09
全磷 2（g/kg）	0.02	4.27*	0.35
全磷 3（g/kg）	2.44	0.13	0.75
有机质 1（%）	0.09	0.26	0.01
有机质 2（%）	0.13	3.01	0.24
有机质 3（%）	0.64	0.93	0.37

注：＊表示在 0.05 水平上差异显著。

5.6　饮水点位于牧场不同位置情况下群落分布与影响因子关系

5.6.1　饮水点位于牧场东边位置情况下群落分布与影响因子关系

从表 5-36 可知，饮水点位于牧场东边位置情况下取样距离、pH 值、土壤容重和 20~40cm 土层的全磷含量是决定物种组成的影响因素，其中取样距离与第一排序轴相关性为 0.87；土壤容重和 pH 值与第一排序轴呈负相关，相关性系数分别为 -0.69 和 -0.92；20~40cm 土层的全磷与第二排序轴呈 -0.74，表明第一轴排序轴是取样距离和土壤物理特征，第二排序轴表明土壤养分。从表中可知，葶苈、萹蓄和平车前是0m处的指示种，位于土壤容重和pH值较高，20~40cm土层的全磷较低的区域，此后随着取样距离的增加依次分布赖草、草地早熟禾、羊草、糙隐子草等适口性优良的多年生草本植物。

表5-36 饮水点位于牧场东边位置情况下的指示种

离饮水点距离（m）	物种名	拉丁名	生活型	指示值
0	平车前	*Plantago depressa*	一二年生草本	56.7
	葶苈	*Draba nemorosa*	一二年生草本	46.7
	萹蓄	*Polygonum aviculare*	一年生草本	57.1
20	赖草	*Leymus secalinus*	多年生草本	99.2
	糙叶黄耆	*Astragalus scaberrimus*	多年生草本	33.4
	马蔺	*Iris lactea*	多年生草本	25.8
50	草地早熟禾	*Poa pratensis*	多年生草本	32.4
	大针茅	*Stipa grandis*	多年生草本	26.6
	野苜蓿	*Medicago falcata*	多年生草本	26.8
100	羽茅	*Achnatherum sibiricum*	多年生草本	25.0
	羊草	*Leymus chinensis*	多年生草本	26.6
200	阿尔泰狗娃花	*Heteropappus altaicus*	多年生草本	29.1
	糙隐子草	*Cleistogenes squarrosa*	多年生草本	32.2
	红柴胡	*Bupleurum scorzonerifolium*	多年生草本	30.6

5.6.2 饮水点位于牧场西边位置情况下群落分布与影响因子关系

从表5-37可知，饮水点位于牧场西边位置情况下取样距离、pH值、土壤容重、0~10cm土层全氮、全磷、有机质和10~20cm土层砂粒含量与物种组成有显著相关性，其中土壤容重（-0.59）和10~20cm土层砂粒含量（0.58）跟第一排序轴相关，取样距离（0.56）、pH值（-0.79）、TN1（-0.80）、TP1（-0.64）、ORG1（-0.81）与第二排序轴相关。饮水点附近的指示种有萹蓄、灰绿藜和马齿苋，位于土壤容重、砂粒和pH值较大的区域，与其他距离处的物种组成差异较大，样地具有较明显的边界。此外，离饮水点200m处的指示种有星毛委陵菜、糙叶黄耆和红柴胡，其中星毛委陵菜的指示值达到50.9，表明离饮水点较远的距离处也发生牧场的退化。

表 5-37　饮水点位于牧场西边位置情况下的指示种

离饮水点距离（m）	物种名	拉丁名	生活型	指示值
0	萹蓄	*Polygonum aviculare*	一年生草本	57.1
	灰绿藜	*Chenopodium glaucum*	一年生草本	60.2
	马齿苋	*Portulaca oleracea*	一年生草本	60.2
20	赖草	*Leymus secalinus*	多年生草本	67.2
	羊草	*Leymus chinensis*	多年生草本	26.6
50	冰草	*Agropyron cristatum*	多年生草本	62.1
100	阿尔泰狗娃花	*Heteropappus altaicus*	多年生草本	29.1
	萹蓄豆	*Achnatherum sibiricum*	多年生草本	25.0
	轮叶委陵菜	*Potentilla verticillaris*	多年生草本	31.2
200	红柴胡	*Bupleurum scorzonerifolium*	多年生草本	30.6
	糙叶黄耆	*Astragalus scaberrimus*	多年生草本	33.4
	星毛委陵菜	*Potentilla acaulis*	多年生草本	50.9

5.6.3　饮水点位于牧场南边位置情况下群落分布与影响因子关系

从表 5-38 可知，饮水点位于牧场南边位置情况下取样距离、pH 值、土壤容重、0~10cm 和 10~20cm 土层黏粒，0~10cm、10~20cm 和 20~40cm 土层砂粒含量，0~10cm 土层全氮、10~20cm 土层全磷、0~10cm 土层有机质等土壤养分对于物种组成其主要作用。其中取样距离（0.84）和 pH 值（-0.51）与第二排序轴相关性最大，0~10cm 土层砂粒含量（0.70）与第一排序轴的相关性最大，对物种组成影响最大的 3 个因子。饮水点附近的主要指示种有马齿苋和灰绿藜，指示值分别为 50.0 和 54.5。与各个距离处的物种差异并不显著，各距离处样地分布边界并不十分明显。

表 5-38　饮水点位于牧场南边位置情况下的指示种

离饮水点距离（m）	物种名	拉丁名	生活型	指示值
0	马齿苋	*Portulaca oleracea*	一年生草本	50.0
	灰绿藜	*Chenopodium glaucum*	一年生草本	54.5
20	赖草	*Leymus secalinus*	多年生草本	64.5
	冰草	*Agropyron cristatum*	多年生草本	32.3
	猪毛菜	*Salsola collina*	一年生草本	27.5

（续表）

离饮水点距离 （m）	物种名	拉丁名	生活型	指示值
50	糙叶黄耆	*Astragalus scaberrimus*	多年生草本	30.0
	大针茅	*Stipa grandis*	多年生草本	31.2
	女娄菜	*Silene aprica*	一、二年生草本	31.4
100	细叶葱	*Aliium tenuissimum*	多年生草本	31.3
	羊草	*Leymus chinensis*	多年生草本	34.2
200	冷蒿	*Artemisia frigida*	多年生草本	30.7
	斜茎黄耆	*Astragalus laxmannii*	多年生草本	36.3

5.6.4 饮水点位于牧场北边位置情况下群落分布与影响因子关系

从表 5-39 可知，饮水点位于牧场北边位置情况下取样距离、pH 值、0~10cm 土层全氮、全磷、有机质、黏粒含量和 10~20cm 土层全磷含量对于物种组成有显著影响，其中 pH 值、0~10cm 土层全氮、有机质、全磷与第一排序轴呈负相关，取样距离和 0~10cm 土层黏粒与第一排序轴正相关，相关系数从大到小排序为 pH 值>取样距离>ORG1> TN1> CLAY1> TP1，第二排序轴与 10~20cm 土层全磷呈负相关（−0.51）。灰绿藜、尖头叶藜和猪毛菜为饮水点附近的指示种，与前几个牧场类型物种组成不同的是每个取样距离处均有一年生植物成为指示种。

表 5-39　饮水点位于牧场北边位置情况下的指示种

离饮水点距离 （m）	物种名	拉丁名	生活型	指示值
0	灰绿藜	*Chenopodium glaucum*	一年生草本	36.8
	尖头叶藜	*Chenopodium acuminatum*	一年生草本	41.0
	猪毛菜	*Salsola collina*	一年生草本	38.5
20	赖草	*Leymus secalinus*	多年生草本	69.8
	矮葱	*Allium anisopodium*	多年生草本	28.9
	杂配藜	*Chenopodium hybridum*	一年生草本	23.8
50	冰草	*Agropyron cristatum*	多年生草本	25.0
	黄蒿	*Artemisia scoparia*	一、二年生草本	25.5
100	糙隐子草	*Cleistogenes squarrosa*	多年生草本	27.0
	寸草薹	*Carex duriuscula*	多年生草本	25.7

（续表）

离饮水点距离（m）	物种名	拉丁名	生活型	指示值
200	草地早熟禾	*Poa pratensis*	多年生草本	39.8
	狗尾草	*Setaria viridis*	一年生杂草	30.6

5.6.5　饮水点位于牧场中心位置情况下群落分布与影响因子关系

从表5-40可知，饮水点位于牧场中心位置情况下取样距离、取样方向、pH值、0~10cm土层黏粒和砂粒含量对于植被分布格局具有显著影响。其中取样距离（-0.84）和0~10cm土层黏粒含量（-0.50）与第一排序轴呈负相关，pH值呈正相关（0.76）；取样方向与第二排序轴呈负相关（-0.59），而0~10cm土层砂粒含量呈正相关（0.79）。pH值和砂粒含量较高的饮水点附近处的指示种只有灰绿藜，此后各距离处的主要指示种有赖草、尖头叶藜、羊草、冰草。

表5-40　饮水点位于中心位置情况下的指示种

离饮水点距离（m）	物种名	拉丁名	生活型	指示值
0	灰绿藜	*Chenopodium glaucum*	一年生草本	48
20	赖草	*Leymus secalinus*	多年生草本	59.4
	寸草薹	*Carex duriuscula*	多年生草本	32.1
	杂配藜	*Chenopodium hybridum*	一年生草本	28.7
50	尖头叶藜	*Chenopodium acuminatum*	一年生草本	32
	大针茅	*Stipa grandis*	多年生草本	26.1
100	羊草	*Leymus chinensis*	多年生草本	37.6
	蒲公英	*Taraxacum mongolicum*	多年生草本	26.1
200	冰草	*Agropyron cristatum*	多年生草本	32.7
	羽茅	*Achnatherum sibiricum*	多年生草本	26.0
	冷蒿	*Artemisia frigida*	多年生草本	30.8

5.7   讨论

5.7.1   植被的"光裸圈"效应

5.7.1.1   植物群落特征变化

无论饮水点位于牧场的东边、西边、南边、北边和中心哪个位置情况下，群落高度、多样性和生物量均是在饮水点附近最低，且根据双因子方差分析结果，取样距离对于植物群落多样性和盖度具有显著影响，表明以饮水点为中心的放牧活动显著地改变了呼伦贝尔草原牧场植被的分布格局，增加了植物群落的空间异质性。这与许多研究保持一致，例如，James 等研究澳大利亚牧场内饮水点的存在对于植物群落特征的影响时发现，由于牲畜的选择性食草，水源点附近的适口性好的物种的多样性降低（James et al.，1999）。Jawuoro 在堪尼亚水坝、水槽和季节性河流等 3 种供水点附近植物组成的变化研究时也发现，3 种供水点附近的物种多样性均减少，但减少幅度与供水点的类型有关（Jawuoro et al.，2017）。本研究中群落盖度则呈现出相反的特征，即饮水点附近植物盖度最大，随着离饮水点距离增加逐渐减少，这与 Chamaillé – Jammes et al.（2009）研究津巴布韦万基国家公园高的大象密度景观"光裸圈"现象时发现人工水源点附近的木本盖度减少幅度比天然水源附近的更大和 Brooks et al.（2006）研究美国莫哈韦沙漠生态系统中饮水点对于本地植物的影响时发现饮水点周围的多年生植物的多样性和盖度均减少，且在离饮水点 200m 范围内"光裸圈效应"明显，之后不明显等所得到的结果相反（Todd，2006），而与 Troy Sternberg（2012）在蒙古国乌布日杭盖和乌莫诺戈壁两个地区"光裸圈"研究和徐文轩等（2016）在新疆荒漠草原"光裸圈"所得的结论保持一致。这是因为饮水点附近放牧扰动强，较强的放牧扰动促进灰绿藜、马齿苋、尖头叶藜、扁蓄、葶苈、平车前、猪毛菜等一年生植物的生长，这些植物的盖度占群落盖度的 55%～75%所致。此外，一年生植物多为"r"对策者，具有高的繁殖能量分配和较短的世代周期，为了繁殖产生的大量种子进入土壤种子库中（牛翠娟，2007），因此，饮水点附近一年生植物较多（徐文轩等，2016）。这种一年生适口性差的物种入侵的结果也与其他国家的研究结果保持一致。例如，Fernandez-Gimenez et al.（2001）研究蒙古国山地草原，荒漠草原和典型草原 3 个植被类型植物群落组成随着离饮水点距离的变化时发现由于饮水点的存在减少了牲畜的长距离迁徙，导致饮水点附近的适口物种承受持续的放牧压力而减少并促进了适口性差的一年生物种的生长。Heshmatti et al.（2002）在南澳大利亚"光裸圈"调查时发现离饮水点较近的地方多年生植物的密度减少，随之而来的是适口性差或者寿命较短的植物的密度增加。Smet et al.（2005）在南非的研究、Todd et al.（2006）在卡鲁的研究和 Tefera et al.（2007）在埃塞俄比亚的研究、Landsberg et al.（2003）在澳大利亚均得到相同的结果。

5.7.1.2   群落分布与影响因子关系

从 5 种牧场类型的排序结果可知，饮水点位于牧场东边位置情况下植被分布格局主要受土壤容重、pH 值、TP3 和取样距离；西边位置时土壤容重、pH 值、TN1、TP1、ORG1、SAND2 和取样距离调控物种组成；南边位置时为土壤容重、pH 值、TN1、TP2、ORG1、CLAY1、CLAY2、SAND1、SAND2、SAND3 和取样距离；北边位置时 pH、TN1、TP1、ORG1、TP2、CLAY1 和取样距离；位于中心位置时 pH 值、TP1、CLAY1、SAND1、取样方向和取样距离是影响植被分布的主要影响因子。从这排序结果可知，无论饮水点位于牧场的哪个位置，物种组成均会沿着取样距离梯度和土壤养分变化。随离饮水点距离的减少牲畜的密度和相对放牧压力可能通过影响枯落物直接影响物种组成，通过增加靠近饮水点的某些营养物质的相对浓度来间接影响物种组成（肖绪培等，2013；Jaweed et al.，2018）。

5.7.2 土壤的"光裸圈"效应

土壤容重可以很好地反映土壤紧实度，同时也能很好的评价牧场土壤状况，与土壤的孔隙度和渗透率密度高度相关（Zhao et al.，2007；牛钰杰等，2018）。本研究结果表明在饮水点附近土壤容重最大，这是因为随着离饮水点距离的减少可放牧的面积也随之减少，导致放牧密度增加，密集的家畜的践踏强烈的压实饮水点附近的土壤，使其土壤紧实度减小，导致土壤的透水性和透气性差（Hiernaux et al.，1999；张成霞等，2010），此外，也与砂粒含量的增加以及黏粒含量减少有关。土壤质地也会随着放牧梯度发生变化，在放牧压力高的情况下土壤细小部分会丢失，从而导致土壤密度的增加，容重增加（王明君等，2010），这与 Jaweed et al.（2018）在喜马拉雅河谷冰川"光裸圈"土壤质地研究结果一致，且根据之前的研究结果表明表层土层土壤受践踏作用最明显，所以 0~10cm 土层的土壤容重变化率最大（万里强等，2011；王天乐等，2017）。牲畜的践踏作用不仅会减少孔隙度和增加土壤容重，而且减少了在水分运动、养分有效性和通气性中起重要作用的较大孔隙的比例（Akhzari et al.，2015）。

土壤含水量可以反映土壤健康状况，家畜践踏作用随着饮水点附近放牧强度的增大而增强，草地表层土壤的紧实度增加，孔隙度减小，阻碍水分渗透从而导致土壤的持水和保水能力降低最终导致土壤含水量降低（魏伯平等，2012）。这与多数研究保持一致（Gan et al.，2012），此外，据此前的研究结果随着土层的加深土壤含水量的变化趋势不显著，说明放牧对土壤表层之外土层的影响较小（舒健虹等，2018）。

研究结果表明，pH 值在饮水点附近最高，这与 Turner et al.（1998）在撒哈拉地区，Smet et al.（2006）在南非，Makuma-Massa（2015）在乌干达得到的研究结果一致，这可能归因于持续的放牧活动，依 Egeru et al.（2015）的研究结果，经受连续性放牧压力的土壤 pH 值比不放牧或轻度放牧土壤 pH 值高。本研究中靠近饮水点处被压实的土壤渗透力下降，从而限制养分通过淋溶的损失，导致钙和钠等矿物营养物质的离子在表层附近积累（Beukes et al.，2003），最终导致 pH 值增高。

研究者们对于放牧管理方式与土壤养分间关系一直没有一个明确的结论（张成霞等，2010），Anthony et al.（2015）在乌干达卡拉莫贾次区域的研究发现，饮水点附近的氮含量很低（Makuma-Massa et al.，2015）。而 Shahriary et al.（2012）在伊朗开展"光裸圈"研究时得出相反的结果，即饮水点附近有高浓度的氮。本章的研究结果与后者保持一致，即无论饮水点位于牧场的任何位置情况下均是饮水点附近的全氮、全磷和有机质含量高于其他距离处，这是由于牲畜定期返回饮水点处饮水时牲畜可以通过排尿和排便将从较大区域摄取的养分集中到"牺牲区"，从而直接改变土壤养分（Islam et al.，2018）。此外，枯落物在生态系统物质循环和能量流动过程中起着关键作用（Cui et al.，2005），枯落物的分解会产生土壤所需的养分和 CO_2，与此同时草食动物的踩踏、破碎作用会刺激枯落物的分解从而增加土壤养分（Li，2004）。但从双因子方差分析结果可知，除了饮水点位于牧场南边位置情况下取样距离对土壤养分有显著影响外，其余位置处取样距离对于土壤养分变化影响并不明显，这可能与呼伦贝尔草原所处地区的寒冷气候条件和牧民所做的对应的管理模式有关，呼伦贝尔草原冬季降雪可能是一个潜在的影响因子（于凤鸣等，2018），大雪给牲畜提供了足够的水分条件，牲畜将大量的精力花在觅食或者到暖棚等庇护所躲避严酷的环境，此时缺水不会成为牲畜的限制性因素，因此，牲畜不需要去饮水点处饮水，减少了饮水点和觅食地方间的来回活动（Sternberg et al.，2012），弱化了土壤的"光裸圈效应"，此外，牲畜的粪便是牧民良好的燃料，牧民随时随地会收集起来以便生火取暖导致各距离处来自粪便的养分补给较少，没有形成与其他非洲地区牧场一样显著的"光裸圈效应"（Stumpp et al.，2005）。

5.8 小结

由于受多年来围栏放牧的影响，在以饮水点为中心的"光裸圈"上，呼伦贝尔草原植物群落特征和生物量均随着与饮水点距离的增加而产生明显变化，表明由饮水点为中心的围栏放牧活动所产生的"光裸圈"现象，明显改变了植物群落的分布格局，增加了植物群落的空间异质性。

饮水点附近植物多样性最低，并随着取样距离的增加整体呈先增后减趋势逐渐增加但从双因子方差分析可看出取样距离对于多样性的影响并不显著，加之，无论饮水点位于牧场的哪个位置情况下牧场中均具有较多的植物种，表明呼伦贝尔草原的围栏牧场仍然具有较高的植物多样性；饮水点附近的土壤容重、pH 值增加，土壤含水量减少表明围栏放牧活动导致了土壤空间异质性，同时饮水点附近的土壤养分含量会明显增加，即形成"沃岛效应"。取样距离、土壤养分和粒径决定围栏牧场植物群落的分布格局。由"光裸圈"植物和土壤因子及植被分布格局的分析可知，放牧通过直接或间接的方式影响植物群落特征及多样性变化。植被分布格局在很大程度上由离饮水点的距离和土壤养分（pH 值、N、P、OM）以及土壤粒径共同决定的。因此，针对饮水点这个半干旱区牧场内关键资源中心，对土壤特征及土壤对物种组成的影响进行研究是合理、有效的。

从物种组成与环境因子 RDA 分析中可知，无论饮水点位于牧场的哪个位置，与饮水点的距离、土壤有机质含量及土壤 pH 值均是影响群落物种组成的主要因子；随着与饮水点距离的增加，群落指示种存在从灰绿藜、蒿蓄、马齿苋、猪毛菜等一年生短命植物向羊草、冰草、羽茅等多年生建群物种，最后向冷蒿、星毛委陵菜等退化指示种演变的替代现象，结合物种多样性及环境因子的变化特征，说明牲畜在饮水后会行进到较远处休息或采食，因此"光裸圈"中心及外围区域的群落特征、物种多样性及土壤理化性质等受放牧影响最大，而介于二者之间的中部环形区域所受扰动较小，这为相似区域的"光裸圈"研究及相应的围栏放牧活动具有一定的指导作用。本研究中由"光裸圈"附近高放牧压力导致的结果可能是整个呼伦贝尔草原，甚至是整个半干旱区牧场"光裸圈"现象的缩影，这些信息对于科学管理及合理利用牧场至关重要。

6 研究结论与研究展望

6.1 研究结论

第一，基于遥感的植被特征变化及其影响因子研究可得：呼伦贝尔草原的时间信息熵和时间序列信息熵在整个研究区的大尺度上主要受由降水主导的地带性植被的影响，时间信息熵在典型草原主体部分变化强度较大，且呈向东西两侧的草甸草原区和荒漠草原区递减趋势；时间序列信息熵在典型草原中北部区域较高，处于研究区西南部的荒漠草原最低，整体呈东北-西南方向递减趋势。整个呼伦贝尔草原植被覆盖度增加的面积大于减少的面积，植被覆盖度总体上呈上升趋势，且主要受降水影响；呼伦贝尔草原的植被盖度变化在旗（市、区）尺度上主要受放牧压力影响，其对研究区植被盖度起正反馈作用，说明目前呼伦贝尔草原整体放牧水平未超出草原承载能力，该结论符合中度干扰假说。呼伦贝尔草原植被盖度在苏木的小尺度上的斑块状分布则主要受微地形影响，根据群落调查记录发现处于山地、沙地、水洼、草甸等地形的苏木，其植被盖度变化与相邻区域存在明显差异。表明受降水控制的水分条件是制约呼伦贝尔草原植被覆盖度的最主要因子，而放牧压力与微地形的影响分别在旗（市、区）及苏木尺度上起主导作用。

第二，基于样带尺度的植被特征变化及其影响因子研究可得：呼伦贝尔草原所有样地共调查到196种植物，隶属于43科，122属，水分生态类型以中生植物为主，生活型以多年生草本植物为主，充分说明了呼伦贝尔草原在我国北方草原中水分条件的优越性。按照指示种分析法将330个样地划分为荒漠草原、典型草原和草甸草原3个植被类型，17个群落类型。荒漠草原与典型草原间分异明显，而草甸草原有向典型草原转变的趋势，呼伦贝尔草原整体向旱生方向发展。降水量是驱动各样带植被分布格局的共同主导因子，高程、温度、SPEI、放牧压力、土壤有机质含量及土壤黏粒含量对各样带植被分布产生重要影响。

第三，基于饮水点的植被特征变化及其影响因子研究可得：呼伦贝尔草原植物群落特征及土壤理化性质均随着与饮水点距离的增加而产生明显变化，表明由饮水点为中心的围栏放牧活动所产生的"光裸圈"现象，明显改变了植物群落的分布格局，增加了植物群落的空间异质性。饮水点附近群落特征和植物多样性随着取样距离的增加整体呈先增后减趋势；饮水点附近处的土壤容重、pH值及土壤养分含量会明显增加，即形成"沃岛效应"。取样距离与土壤理化性质共同决定围栏牧场植物群落的分布格局。随着与饮水点距离的增加，群落指示种存在从一年生短命植物向多年生建群物种，最后向退化指示种演变的替代现象，"光裸圈"中心及外围区域的群落特征、物种多样性及土壤理化性质等受放牧影响最大，而介于二者之间的中部环形区域所受扰动较小，该结论进一步验证中度干扰假说，为相似区域的"光裸圈"研究、相应的围栏放牧活动、科学管理及合理利用牧场提供重要参考。

综上所述，降水量是影响呼伦贝尔草原不同尺度植被空间分布及群落特征变化的最主要影响因子，而植被整体向旱生方向演变，则是由于长时间尺度上的气候变化加之部分不合理的放牧活动导致的。由饮水点围栏放牧所产生的"光裸圈"现象对群落特征、生物多样性及土壤理化性质均产生明显影响，是小尺度范围造成草原退化的主要原因。建议在相似区域的退化草原，适当调控放牧强度以及严格按照国家规定进行休牧、禁牧等措施，对草原进行相应的保护和修复，才能保证我国北方草原的可持续发展。

6.2 研究的实践意义与展望

6.2.1 研究的实践意义

第一，从遥感的、样带和放牧点等不同尺度全面系统的分析呼伦贝尔草原植被分布格局并量化相关的驱动因子，同时将信息熵理论引入草地生态系统研究中并将尺度细化到苏木水平，所获得的结果可为当地政府制定更有针对性的草原植被保护管理策略提供依据。

第二，以"光裸圈"为中心的植被动态研究可为政策驱动下围栏放牧可能导致的草地退化及其可持续管理提供数据支撑。

6.2.2 研究展望

第一，草原生态系统是脆弱的、复杂的，气候、地形、土壤等环境条件和人为干扰直接或间接地对其产生影响。遥感技术是草地生态系统变化监测的重要手段，在不同区域草地的监测管理中均取得了一些进展，但在时间和空间分辨率上仍面临一定的挑战。本研究中使用了单一数据源（MOD13Q1），基本上可满足监测植被变化的需求，今后可尝试将高空间分辨率的 Landsat TM、Sentinel 等影像信息与高时间分辨率 MODIS 影像进行波谱信息有效融合，获得高时空分辨率的遥感数据序列，这将显著提高草原植被动态变化监测的准确度。

第二，植被分类与排序和植被-驱动因子间关系一直是植被生态学研究的热点问题，因人力和时间成本的限制，本书只调查了降水梯度下东西走向的 4 条样带上的植被与环境因子信息，今后的研究中可开展更广泛的调查，增加温度梯度下南北走向的调查样带，从而更为全面地了解和掌握呼伦贝尔草原植被与环境因子间的相互关。

第三，围栏放牧是呼伦贝尔草原利用的主要方式之一，家畜主要通过采食、践踏和排泄粪便 3 种主要形式影响牧场的植被状况和土壤环境。受限于呼伦贝尔草原较短的生长季以及当地牧民 8 月初开始刈割的习惯，本书只选择了典型草原区饮水点位于不同位置的 5 家围栏牧场进行"光裸圈"研究，今后的研究中可以考虑增加调查的围栏牧场的数量。此外，目前的研究主要集中在典型草原区，缺少草甸草原和荒漠草原区"光裸圈"效应的相关研究，进一步的工作应考虑在这两种草原类型上进行。

参考文献

白红梅，李钢铁，马骏骥，等，2015. 浑善达克沙地微地形植被特征分析 [J]. 北方园艺，17：61-65.

包刚，包玉海，覃志豪，等，2013. 近10年蒙古高原植被覆盖变化及其对气候的季节响应 [J]. 地理科学，33（5）：613-621.

博峰，于嵘，2009. 基于遥感的植被长时序趋势特征研究进展及评价 [J]. 遥感学报，13（6）：1170-1186.

曹淑宝，刘全伟，王立群，等，2012. 短期放牧对草甸草原土壤微生物与土壤酶活性的影响 [J]. 微生物学通报，39（6）：741-748.

曹文梅，刘小燕，王冠丽，等，2017. 科尔沁沙地自然植被与生境因子的 MRT 分类及 DCCA 分析 [J]. 生态学杂志，2：59-71.

常煜，韩经纬，常立群，等，2012. 近40a 呼伦贝尔市暴雨时空变化特征分析 [J]. 暴雨灾害，31（4）：379-383.

陈宝瑞，李海山，朱玉霞，等，2010. 呼伦贝尔草原植物群落空间格局及其环境解释 [J]. 生态学报，5：151-157.

陈宝瑞，朱玉霞，张宏斌，等，2008. 呼伦贝尔草甸草原植被的数量分类和排序研究 [J]. 植物科学学报，26（5）：475-481.

陈雯，张裕婷，施诗，等，2013. 中国裸子植物的东西地带性分布及其与气候因子的相关性 [J]. 中山大学学报（自然科学版）（5）：130-139.

陈效逑，王恒，2009. 1982—2003 年内蒙古植被带和植被覆盖度的时空变化 [J]. 地理学报，1：84-94.

陈银萍，李玉强，赵学勇，等，2010. 放牧与围封对沙漠化草地土壤轻组及全土碳氮储量的影响 [J]. 水土保持学报，4：12-19.

陈仲新，张新时，1996. 毛乌素沙化草地景观生态分类与排序的研究 [J]. 植物生态学报，5：423-437.

迟道才，沙炎，陈涛涛，等，2018. 基于标准化降水蒸散指数的干旱敏感性分析——以呼伦贝尔市为例 [J]. 沈阳农业大学学报，49（4）：433-439.

刁兆岩，徐立荣，冯朝阳，等，2012. 呼伦贝尔沙化草原植被覆盖度估算光谱模型 [J]. 干旱区资源与环境，26（2）：139-144.

丁小慧，罗淑政，刘金巍，等，2012. 呼伦贝尔草地植物群落与土壤化学计量学特征沿经度梯度变化 [J]. 生态学报，32（11）：3467-3476.

杜玉珍，赵钢，阎景赟，等，2005. 放牧制度对天然草地土壤物理性状及奶牛生产性能的影响 [J]. 中国草地，27（4）：47-51.

范国艳，张静妮，张永生，等，2010. 放牧对贝加尔针茅草原植被根系分布和土壤理化特征的影响 [J]. 生态学杂志，29（9）：1715-1721.

冯建孟，徐成东，2009. 中国种子植物物种丰富度的大尺度分布格局及其与地理因子的关系 [J]. 生态环境学报，18（1）：249-254.

高蓓，郭彦龙，2015. 应用 GIS 和最大熵模型分析秦岭冷杉潜在地理分布 [J]. 生态学杂志，34（3）：843-852.

关文彬，曾德慧，范志平，等，2001. 中国东北西部地区沙质荒漠化过程与植被动态关系的生态学研究：植被的排序 [J]. 应用生态学报，12（5）：48-52.

郭连发，来全，伊博力，等，2017. 2000—2014 年呼伦贝尔草原河流湿地植被 NPP 时空变化及驱动力分析 [J]. 水土保持研究，24（6）：267-272.

郭连发，银山，王艳琦，等，2017. 基于 MODIS17A3 的呼伦贝尔草原植被 NPP 时空格局变化分析 [J]. 曲阜师范大学学报（自然科学版），43（4）：110-112.

郭秀丽，李旺平，周立华，2018. 生态政策驱动下的内蒙古自治区杭锦旗植被覆盖变化 [J]. 草业科学，301（8）：30-38.

郭燕云，胡琦，傅玮东，等，2019. 基于 SPEI 指数的新疆天山草地近 55a 干旱特征 [J]. 干旱区研究（3）：670-676.

郭志敏，2009. 呼伦贝尔实施"退耕还林，促进生态建设"的几点启示 [J]. 防护林科技，1：52-53.

何明珠，张志山，李小军，等，2010. 阿拉善高原荒漠植被组成分布特征及其环境解释 I. 典型荒漠植被分布格局的环境解释 [J]. 中国沙漠，30（1）：46-56.

候勇，陈文龙，钟成，2018. 内蒙古地区植被覆盖度时空变化遥感监测 [J]. 东北林业大学学报，46（11）：37-42.

黄亮，左小清，於雪琴，2013. 遥感影像变化检测方法探讨 [J]. 测绘科学，38（4）：203-206.

黄文洁，曾桐瑶，黄晓东，2019. 青藏高原高寒草地植被物候时空变化特征 [J]. 草业科学，36（4）：119-130.

黄永诚，孙建国，颜长珍，2014. 毛乌素沙地植被覆盖变化的遥感分析 [J]. 测绘与空间地理信息，4：58-65.

黄兆华，1981. 内蒙伊盟牧场利用与沙漠化及其防治 [J]. 中国沙漠，1：21-32.

黄振艳，王立柱，乌仁其其格，等，2013. 放牧和刈割对呼伦贝尔草甸草原物种多样性的影响 [J]. 草业科学，30（4）：120-123.

贾希洋，马红彬，周瑶，等，2018. 不同生态恢复措施下宁夏黄土丘陵区典型草原植物群落数量分类和演替 [J]. 草业学报，151（2）：17-27.

金净，王占义，朱国栋，等，2017. 荒漠草原土壤氮素和克氏针茅根系对不同放牧处理的响应 [J]. 生态学杂志，1：74-81.

孔维尧，李欣海，邹红菲，2019. 最大熵模型在物种分布预测中的优化 [J]. 应用生态学报，30（6）：2116-2128.

赖江山，米湘成，2010. 基于 Vegan 软件包的生态学数据排序分析［C］//马克平. 第九届全国生物多样性保护与持续利用研讨会论文集. 北京：气象出版社.

李斌，2016. 青藏高原植被时空分布规律及其影响因素研究［D］. 北京：中国地质大学.

李博，1992. 我国草地生态研究的成就与展望［J］. 生态学杂志，11（3）：1-7.

李强，张翀，2016. 基于异常值的人类活动对内蒙古植被覆盖变化的影响［J］. 西北大学学报：自然科学版，46（4）：591-595.

李世英，萧运峯，1965. 内蒙呼盟莫达木吉地区羊草草原放牧演替阶段的初步划分［J］. 植物生态学报，3（2）：200-217.

李新荣，刘新民，杨正宇，1998. 鄂尔多斯高原荒漠化草原和草原化荒漠灌木类群与环境关系的研究［J］. 中国沙漠，18（2）：123-130.

李耀东，2017. 呼伦贝尔 50a 白灾分析［J］. 黑龙江气象，34（1）：28-29.

李忠良，左慧婷，沈渭寿，2015. 呼伦贝尔植被覆盖指数变化及与气候变化的关系研究［J］. 科学技术与工程，30：55-62.

栗忠飞，高吉喜，王亚萍，2016. 内蒙古呼伦贝尔南部沙带植被恢复进程中土壤理化特性变化［J］. 自然资源学报，31（10）：1739-1751.

凌锦良，1990. 生物进化，熵和信息［J］. 生物学杂志，33（1）：1-5.

刘大川，周磊，武建军，2017. 干旱对华北地区植被变化的影响［J］. 北京师范大学学报：自然科学版，53（2）：222-228.

刘丹，李玉堂，洪玲霞，等，2018. 基于最大熵模型的吉林省主要天然林潜在分布适宜性［J］. 林业科学，54（7）：4-18.

刘冠成，黄雅曦，王庆贵，等，2018. 环境因子对植物物种多样性的影响研究进展［J］. 中国农学通报，34（13）：83-89.

刘海江，郭柯，2003. 浑善达克沙地丘间低地植物群落的分类与排序［J］. 生态学报，10：2163-2169.

刘宏文，程小琴，康峰峰，2014. 油松人工林林下植物群落变化及其环境解释［J］. 生态学杂志，33（2）：290-295.

刘康，王效科，杨帆，等，2005. 红花尔基地区沙地樟子松群落及其与环境关系研究［J］. 生态学杂志，8：8-12.

刘宪锋，朱秀芳，潘耀忠，等，2015. 1982—2012 年中国植被覆盖时空变化特征［J］. 生态学报，35（16）：5331-5342.

刘兴诏，周国逸，张德强，等，2010. 南亚热带森林不同演替阶段植物与土壤中 N、P 的化学计量特征［J］. 植物生态学报，34（1）：64-71.

龙慧灵，李晓兵，王宏，等，2010. 内蒙古草原区植被净初级生产力及其与气候的关系［J］. 生态学报，30（5）：1367-1378.

吕佳佳，吴建国，2009. 气候变化对植物及植被分布的影响研究进展［J］. 环境科学与技术，32（6）：85-95.

吕世海，冯长松，高吉喜，等，2008. 呼伦贝尔沙化草地围封效应及生物多样性变化研究 [J]. 草地学报，16（5）：17-22.

吕世海，刘立成，高吉喜，2008. 呼伦贝尔森林-草原交错区景观格局动态分析及预测 [J]. 环境科学研究，21（4）：63-68.

罗建川，张浩，王宗礼，等，2018. 呼伦贝尔草原土壤和植物矿物元素分布特征 [J]. 草业科学，35（6）：1332-1342.

罗培，Myagmartseren P，Bazarkhand T，等，2019. 牧户定点750m范围内放牧草场植物多样性初探 [J]. 内蒙古草业，31（2）：6-14.

马龙，王静茹，刘廷玺，等，2016. 2000—2012年科尔沁沙地植被与气候因子间的响应关系 [J]. 农业机械学报，47（4）：167-177.

马启民，贾晓鹏，王海兵，等，2019. 气候和人为因素对植被变化影响的评价方法综述 [J]. 中国沙漠，39（6）：48-55.

马全林，张德奎，袁宏波，等，2019. 乌兰布和沙漠植被数量分类及环境解释 [J]. 干旱区资源与环境，33（9）：160-167.

缪丽娟，蒋冲，何斌，等，2014. 近10年来蒙古高原植被覆盖变化对气候的响应 [J]. 生态学报，33（5）：257-263.

南海波，2008. 浅析呼伦贝尔市生态环境保护与建设 [J]. 内蒙古林业调查设计，31（5）：19-21.

聂浩刚，岳乐平，杨文，等，2005. 呼伦贝尔草原沙漠化现状、发展态势与成因分析 [J]. 中国沙漠，25（5）：635-639.

牛翠娟，娄安如，孙儒泳，等，2007. 基础生态学（第2版）[M]. 北京：高等教育出版社.

牛鹏辉，李卫华，李小春，2011. 基于GA-EM算法的GMM遥感影像变化检测方法 [J]. 计算机应用研究，28（9）：3559-3562.

牛钰杰，杨思维，王贵珍，等，2018. 放牧强度对高寒草甸土壤理化性状和植物功能群的影响 [J]. 生态学报，38（14）：5006-5016.

盘远方，陈兴彬，姜勇，等，2018. 桂林岩溶石山灌丛植物叶功能性状和土壤因子对坡向的响应 [J]. 生态学报，38（5）：1581-1589.

彭飞，范闻捷，徐希孺，等，2017. 2000—2014年呼伦贝尔草原植被覆盖度时空变化分析 [J]. 北京大学学报：自然科学版，53（3）：563-572.

曲学斌，孙小龙，冯建英，等，2018. 呼伦贝尔草原NDVI时空变化及其对气候变化的响应 [J]. 干旱气象，36（1）：97-103.

山丹，朱媛君，刘艳书，等，2019. 呼伦贝尔草原中蒙边界沿线植被类型分异及生物多样性特征 [J]. 生态学杂志，38（3）：619-626.

邵艳莹，吴秀芹，张宇清，等，2018. 内蒙古地区植被覆盖变化及其对水热条件的响应 [J]. 北京林业大学学报，40（4）：33-42.

沈贝贝，丁蕾，李振旺，等，2019. 呼伦贝尔草原净初级生产力时空变化及气候响应分析 [J]. 草业学报，28（5）：3-16.

沈亚萍，张春来，李庆，等，2017. 东部沙区表土有机质和速效养分与风沙环境关系初探 [J]. 干旱区地理，40 (1)：77-84.

盛钊，高鑫，2013. 多波段遥感影像变化检测中差异影像构造研究 [J]. 电子测量技术，36 (4)：64-68.

史小红，樊才睿，李畅游，等，2015. 呼伦贝尔草原不同放牧草场土壤水文特性研究 [J]. 水土保持学报，29 (2)：145-149.

舒健虹，蔡一鸣，丁磊磊，等，2018. 不同放牧强度对贵州人工草地土壤养分及活性有机质的影响 [J]. 生态科学，37 (1)：42-48.

宋春桥，游松财，柯灵红，等，2011. 藏北高原地表覆盖时空动态及其对气候变化的响应 [J]. 应用生态学报，22 (8)：2091-2097.

宋彦涛，乌云娜，张凤杰，等，2015. 羊草根系形态特征对放牧强度的响应——以呼伦贝尔克鲁伦克流域典型草原为研究区域 [J]. 大连民族大学学报，17 (1)：10-14.

宋彦涛，乌云娜，张靖，等，2016. 放牧强度对克氏针茅草原植被景观格局的影响 [J]. 中国沙漠，36 (3)：674-680.

苏敏，丁国栋，高广磊，等，2018. 呼伦贝尔草原樟子松人工林土壤颗粒多重分形特征 [J]. 干旱区资源与环境，32 (11)：129-135.

苏培玺，解婷婷，周紫鹃，2011. 我国荒漠植被中的 C_4 植物种类分布及其与气候的关系 [J]. 中国沙漠，31 (2)：267-276.

苏伟，吴代英，武洪峰，等，2016. 基于最大熵模型的玉米冠层 LAI 升尺度方法 [J]. 农业工程学报，32 (7)：165-172.

孙艳玲，郭鹏，延晓冬，等，2010. 内蒙古植被覆盖变化及其与气候、人类活动的关系 [J]. 自然资源学报，25 (3)：407-414.

谭红妍，闫瑞瑞，闫玉春，等，2014. 不同放牧强度下温性草甸草原土壤生物性状及与地上植被的关系 [J]. 中国农业科学，47 (23)：4658-4667.

田迅，高凯，张丽娟，等，2015. 坡位对土壤水分及植被空间分布的影响 [J]. 水土保持通报，35 (5)：12-16.

万里强，陈玮玮，李向林，等，2011. 放牧对草地土壤含水量与容重及地下生物量的影响 [J]. 中国农学通报，27 (26)：25-29.

王超军，吴锋，赵红蕊，等，2017. 时间信息熵及其在植被覆盖时空变化遥感检测中的应用 [J]. 生态学报，37 (21)：7359-7367.

王海梅，李政海，王珍，2013. 气候和放牧对锡林郭勒地区植被覆盖变化的影响 [J]. 应用生态学报 (1)：160-164.

王合玲，张辉国，吕光辉，2013. 艾比湖湿地植物群落的数量分类和排序 [J]. 干旱区资源与环境，27 (3)：177-181.

王静璞，张晓凤，宗敏，2015. 21 世纪初毛乌素沙地 NDVI 时空变化特征及影响因素 [J]. 科技创新导报，34：160-163.

王明君，赵萌莉，崔国文，等，2010. 放牧对草甸草原植被和土壤的影响 [J]. 草地学报，18（6）：758-762.

王朋辉，张陶，于小磊，2019. 近65年桂林市降水侵蚀力变化特征与周期演化
　　［J］. 贵州师范大学学报（自然科学版），37（2）：23-28.

王天乐，卫智军，刘文亭，等，2017. 不同放牧强度下荒漠草原土壤养分和植被特
　　征变化研究［J］. 草地学报（4）：30-35.

王兴，宋乃平，杨新国，等，2016. 荒漠草原植物多样性分布格局对微地形尺度环
　　境变化的响应［J］. 水土保持学报，30（4）：274-280.

王旭峰，王占义，梁金华，等，2013. 内蒙古草地丛生型植物根系构型的研究
　　［J］. 内蒙古农业大学学报：自然科学版，34（3）：77-82.

王治良，路春燕，2015. 呼伦贝尔草原区土地利用及景观格局变化特征分析
　　［J］. 干旱区资源与环境，29（12）：91-97.

魏伯平，赵生国，焦婷，2012. 放牧对温性荒漠草原植物群落及草地土壤肥力的影
　　响［J］. 草地学报，20（5）：855-862.

魏晓雪，刘彤，周志强，2007. 新疆奇台荒漠植物群落的数量分类及土壤环境解释
　　［J］. Biodiversity Science，15（3）：264-270.

乌兰吐雅，哈斯础鲁，吉木色，等，2013. 内蒙古四大沙地植被NDVI变化及气候
　　响应研究［J］. 安徽农业科学，41（25）：10457-10459.

吴柯，牛瑞卿，王毅，等，2010. 基于PCA与EM算法的多光谱遥感影像变化检测
　　研究［J］. 计算机科学，37（3）：292-296.

吴庆标，王效科，张德平，等，2004. 呼伦贝尔草原土壤粘粉粒组分对有机质和全
　　氮含量的影响［J］. 生态环境学报，13（4）：630-632.

吴正方，靳英华，刘吉平，等，2003. 东北地区植被分布全球气候变化区域响应
　　［J］. 地理科学，31（5）：564-570.

肖绪培，宋乃平，王兴，等，2013. 放牧干扰对荒漠草原土壤和植被的影响
　　［J］. 中国水土保持（12）：19-23，33，77.

信忠保，许炯心，2007. 黄土高原地区植被覆盖时空演变对气候的响应［J］. 自然
　　科学进展，17（6）：770-778.

徐大伟，徐丽君，辛晓平，等，2017. 呼伦贝尔地区不同多年生牧草根系形态性状
　　及分布研究［J］. 草地学报，25（1）：55-60.

徐文轩，连仲民，徐婷，等，2016. 新疆准噶尔盆地荒漠草地水源圈植物群落退化
　　格局［J］. 生态学杂志，35（1）：104-110.

许文鑫，周玉科，梁娟珠，2019. 基于变化点的青藏高原植被时空动态变化研究
　　［J］. 遥感技术与应用，34（3）：667-676.

许旭，李晓兵，梁涵玮，等，2010. 内蒙古温带草原区植被盖度变化及其与气象因
　　子的关系［J］. 生态学报，30（14）：3733-3743.

杨久春，张树文，2009. 近50年呼伦湖水系草地退化时空过程及成因分析［J］. 中
　　国草地学报，31（3）：15-21.

杨丽霞，陈少锋，安娟娟，等，2014. 陕北黄土丘陵区不同植被类型群落多样性与

土壤有机质、全氮关系研究 [J]. 草地学报，22 (2)：291-298.

杨尚明，金娟，卫智军，等，2015. 刈割对呼伦贝尔割草地群落特征的影响 [J]. 中国草地学报，37 (1)：90-96.

杨胜，李敏，彭振国，等，2009. 一种新的多波段遥感影像变化检测方法 [J]. 中国图象图形学报，2 (4)：13-19.

杨舒畅，杨恒山，2019. 1982—2013 年内蒙古地区干旱变化及植被响应 [J]. 自然灾害学报，28 (1)：175-183.

杨思遥，孟丹，李小娟，等，2018. 华北地区 2001—2014 年植被变化对 SPEI 气象干旱指数多尺度的响应 [J]. 生态学报，38 (3)：1028-1039.

姚帅臣，王景升，丁陆彬，等，2017. 拉萨河谷草地群落的数量分类与排序 [J]. 生态学报，38 (13)：4779-4788.

伊风艳，吕文利，晔薷罕，等，2015. 内蒙古呼伦贝尔草原生态保护补助奖励政策实施效果研究 [J]. 内蒙古科技与经济，345 (23)：5-7.

殷国梅，王明盈，薛艳林，等，2013. 草甸草原区不同放牧方式对植被群落特征的影响 [J]. 中国草地学报，2 (18)：91-95.

殷守敬，吴传庆，王桥，等，2013. 多时相遥感影像变化检测方法研究进展综述 [J]. 光谱学与光谱分析，33 (12)：3339-3342.

尹德洁，张洁，荆瑞，等，2018. 山东滨海盐渍区植物群落与土壤化学因子的关系 [J]. 应用生态学报，29 (11)：22-30.

余伟莅，郭建英，胡小龙，等，2008. 浑善达克沙地东南部退化草场植物群落 DCCA 排序与环境解释 [J]. 干旱区地理，31 (5)：759-764.

於琍，李克让，陶波，等，2010. 植被地理分布对气候变化的适应性研究 [J]. 地理科学进展，29 (11)：1326-1332.

喻泓，吴波，何季，等，2015. 乌素沙地水源圈植物群落的分布格局 [J]. 应用生态学报，26 (2)：388-394.

元志辉，包刚，银山，等，2016. 2000—2014 年浑善达克沙地植被覆盖变化研究 [J]. 草业学报，25 (1)：33-46.

翟晓霞，2008. 呼伦贝尔市退耕还林工程评价与发展 [J]. 防护林科技，6：51-53.

张成霞，南志标，2010. 放牧对草地土壤理化特性影响的研究进展 [J]. 草业学报，19 (4)：207-214.

张戈丽，徐兴良，周才平，等，2011. 近 30 年来呼伦贝尔地区草地植被变化对气候变化的响应 [J]. 地理学报，66 (1)：47-58.

张含玉，方怒放，史志华，2015. 黄土高原植被覆盖时空变化及其对气候因子的响应 [J]. 生态学报，36 (13)：3960-3968.

张红英，李晶晶，段娟，等，2016. 气候变暖背景下长治市极端降水变化趋势 [J]. 中国农学通报，32 (32)：137-143.

张宏斌，唐华俊，杨桂霞，等，2009. 2000—2008 年内蒙古草原 MODIS NDVI 时空特征变化 [J]. 农业工程学报，25 (9)：168-175.

张宏斌，杨桂霞，吴文斌，等，2009. 呼伦贝尔草原 MODISNDVI 的时空变化特征 [J]. 应用生态学报，20（11）：165-171.

张继权，范久波，刘兴朋，等，2010. 内蒙古呼伦贝尔市草原火灾危害度评价及预测 [J]. 灾害学，25（1）：38-41.

张金屯，2004. 数量生态学 [M]. 北京：科技出版社.

张林静，岳明，顾峰雪，等，2002. 新疆阜康绿洲荒漠过渡带植物群落物种多样性与土壤环境因子的耦合关系 [J]. 应用生态学报，13（6）：658-662.

张路，2015. MAXENT 最大熵模型在预测物种潜在分布范围方面的应用 [J]. 生物学通报，50（11）：9-12.

张清雨，吴绍洪，赵东升，等，2013. 内蒙古草地生长季植被变化对气候因子的响应 [J]. 自然资源学报，28（5）：754-764.

张仁平，冯琦胜，郭靖，等，2015. 2000—2012 年中国北方草地 NDVI 和气候因子时空变化 [J]. 中国沙漠，35（5）：1403-1412.

赵从举，康慕谊，雷加强，2011. 准噶尔盆地典型地段植物群落及其与环境因子的关系 [J]. 生态学报，31（10）：2669-2677.

赵慧颖，2007. 呼伦贝尔草原 45 年来气候变化及其对生态环境的影响水 [J]. 生态学杂志，26（11）：1817-1821.

赵鹏，屈建军，韩庆杰，等，2018. 敦煌绿洲边缘植物群落与土壤养分互馈关系 [J]. 中国沙漠，38（4）：113-121.

赵新来，李文龙，Xulin Guo，等，2017. Pa、SPI 和 SPEI 干旱指数对青藏高原东部高寒草地干旱的响应比较 [J]. 草业科学，34（2）：273-282.

郑晓翾，王瑞东，靳甜甜，等，2008. 呼伦贝尔草原不同草地利用方式下生物多样性与生物量的关系 [J]. 生态学报，28（11）：5392-5400.

郑晓翾，赵家明，张玉刚，等，2007. 呼伦贝尔草原生物量变化及其与环境因子的关系 [J]. 生态学杂志，26（4）：533-538.

中国科学院内蒙古宁夏综合考察队，1985. 内蒙古植被 [M]. 北京：科学出版社.

中国植物委员会，1980. 中国植被 [M]. 北京：科学出版社.

周欣，左小安，赵学勇，等，2015. 科尔沁沙地植物群落分布与土壤特性关系的 DCA、CCA 及 DCCA 分析 [J]. 生态学杂志，34（4）：947-954.

朱媛君，张璞进，邢娜，等，2016. 毛乌素沙地丘间低地植物群落分类与排序 [J]. 中国沙漠，36（6）：1580-1589.

卓嘎，陈思蓉，周兵，2018. 青藏高原植被覆盖时空变化及其对气候因子的响应 [J]. 生态学报，38（9）：220-230.

AANDREW M H, LANGE R T, 1986. Development of a new piosphere in arid cheno-pod shruhland grazed by sheep. 1. Changes to the soil surface [J]. Australian Journal of Ecology, 11（4）：395-409.

AKHZARI D, PESSARAKI M, AHANDANI S E, 2015. Effects of Grazing Intensity on Soil and Vegetation Properties in a Mediterranean Rangeland [J]. Communications in

Soil Science & Plant Analysis, 46 (22): 1-9.

AKHZARI D, PESSARAKLI M, EFTEKHARI AHANDANI S, 2015. Effects of grazing intensity on soil and vegetation properties in a Mediterranean rangeland [J]. Communications in Soil Science and Plant Analysis, 46 (22): 2798-2806.

ALABI M O, 2009. Urban sprawl, pattern and measurement in Lokoja, Nigeria [J]. Theoretical and Empirical Researches in Urban Management, 4 (13): 158-164.

ALMEIDA A E, MENINI N, VERBESSELT J, et al., 2018. BFAST explorer: An effective tool for time series analysis [C] //IGARSS 2018—2018 IEEE International Geoscience and Remote Sensing Symposium. IEEE: 4913-4916.

ALSHARIF A A A, PRADHAN B, MANSOR S, et al., 2015. Urban expansion assessment by using remotely sensed data and the relative Shannon entropy model in GIS: a case study of Tripoli, Libya [J]. Theoretical and Empirical Researches in Urban Management, 10 (1): 55-71.

ALY A A, AL-OMRAN A M, SALLAM A S, et al., 2016. Vegetation cover change detection and assessment in arid environment using multi-temporal remote sensing images and ecosystem management approach [J]. Solid Earth, 7 (2): 713-725.

ANDERSON M J, WALSH D C I, 2013. PERMANOVA, ANOSIM, and the Mantel test in the face of heterogeneous dispersions: What null hypothesis are you testing? [J]. Ecological Monographs, 83: 557-574.

ANDREW M H, LANGE R T, 1986. Development of a new piosphere in arid chenopod shrubland grazed by sheep. 2. Changes to the vegetation [J]. Australian Journal of Ecology, 11 (4): 411-424.

ANTHONY E, BERNARD B, HENRY M M, et al., 2015. Piosphere syndrome and rangeland degradation in Karamoja sub-region, Uganda [J]. Resource Environment, 5 (3): 73-89.

ARANTES T, CHAVES M, BASTOS R, et al., 2017. Effectiveness of BTAST algorithm to charaterize time series of dense forest, agriculture and pasture in the amazon region [J]. Theoretical and Applied Engineering, 1 (1): 17-29.

ATTA-UR-RAHMAN, DAWOOD, MUHAMMAD, 2017. Spatio-statistical analysis of temperature fluctuation using Mann-Kendall and Sen's slope approach [J]. Climate Dynamics, 48 (3-4): 783-797.

AZARNIVAND H, FARAJOLLAHI A, BANDAK E, et al., 2010. Assessment of the effects of overgrazing on the soil physical characteristic and vegetation cover changes in rangelands of Hosainabad in Kurdistan province, Iran [J]. Journal of Rangeland Science, 1 (2): 95-102.

BAEZA S, PARUELO J M, 2020. Land Use/Land Cover Change (2000—2014) in the Rio de la Plata Grasslands: An Analysis Based on MODIS NDVI Time Series

［J］. Remote Sensing, 12 (3): 381.

BARKER J R, THUROW T L, HERLOCKER D J, 1990. Vegetation of pastoralist campsites within the coastal grassland of central Somalia ［J］. African Journal of Ecology, 28 (4): 291-297.

BEDFORD B L, ALDOUS W A, 1999. Patterns in Nutrient Availability and Plant Diversity of Temperate North American Wetlands ［J］. Ecology, 80 (7): 2151-2169.

BEUKES P C, ELLIS F, 2003. Soil and vegetation changes across a Succulent Karoo grazing gradient ［J］. African Journal of Range and Forage Science, 20 (1): 11-19.

BHANDARI J, PAN X B, ZHANG L Z, et al., 2013. 2013. Diversity and productivity of semi-arid grassland of Inner Mongolia: influence of plant functional type and precipitation ［J］. Pakistan Journal of Agricultural Sciences, 52: 259-264.

BOCK O, COLLILIEUX X, GUILLAMON F, et al., 2020. A breakpoint detection in the mean model with heterogeneous variance on fixed time intervals ［J］. Statistics and Computing, 30 (1): 195-207.

BROOKS M L, MATCHETT J R, BERRY K H, 2006. Effects of livestock watering sites on alien and native plants in the Mojave Desert, USA ［J］. Journal of Arid Environments, 67: 125-147.

BROWN J F, TOLLERUD H J, BARBER C P, et al., 2020. Lessons learned implementing an operational continuous United States national land change monitoring capability: The Land Change Monitoring, Assessment, and Projection (LCMAP) approach ［J］. Remote Sensing of Environment, 238: 330-356.

BUCHHORN M, RAYNOLDS M K, WALKER D A, 2016. Influence of BRDF on NDVI and biomass estimations of Alaska Arctic tundra ［J］. Environmental Research Letters, 11 (12): 125-136.

BUNN A G, GOETZ S J, 2006. Trends in satellite-observed circumpolar photosynthetic activity from 1982 to 2003: the influence of seasonality, cover type, and vegetation density ［J］. Earth Interactions, 10 (12): 1-19.

BURRELL A L, EVANS J P, LIU Y, 2017. Detecting dryland degradation using Time Series Segmentation and Residual Trend analysis (TSS-RESTREND) ［J］. Remote Sensing of Environment, 197: 43-57.

CAMPBELL R S, 1943. Progress in utilization standards for western ranges ［J］. Journal of the Washington Academy of Sciences, 33 (6): 161-169.

CARRANZA M L, ACOSTA A, RICOTTA C, 2007. Analyzing landscape diversity in time: The use of Renyi's generalized entropy function ［J］. Ecological Indicators, 7 (3): 505-510.

CATFORD J A, DAEHLER C C, MURPHY H T, et al., 2012. The intermediate disturbance hypothesis and plant invasions: Implications for species richness and management [J]. Perspectives in Plant Ecology Evolution & Systematics, 14 (3): 231-241.

CHAMAILLÉ-JAMMES S, FRITZ H, MADZIKANDA H, 2009. Piosphere contribution to landscape heterogeneity: a case study of remote-sensed woody cover in a high elephant density landscape [J]. Ecography, 32 (5): 871-880.

CHEN F W, LIU C W, 2012. Estimation of the spatial rainfall distribution using inverse distance weighting (IDW) in the middle of Taiwan [J]. Paddy and Water Environment, 10 (3): 209-222.

CHEN J, GONG P, HE C, et al., 2003. Land-Use/Land-Cover Change Detection Using Improved Change-Vector Analysis [J]. Photogrammetric Engineering & Remote Sensing, 69 (4): 369-379.

CHEN X, WANG H, 2009. Spatial and temporal variations of vegetation belts and vegetation cover degrees in Inner Mongolia from 1982 to 2003 [J]. Acta Geographica Sinica, 64 (1): 84-94.

CLARKE K R, 1993. Non-parametric multivariate analyses of changes in community structure [J]. Austral Ecology, 18: 117-143.

COHEN W B, YANG Z, HEALEY S P, et al., 2018. A LandTrendr multispectral ensemble for forest disturbance detection [J]. Remote Sensing of Environment, 205: 131-140.

COHEN W B, YANG Z, KENNEDY R, 2010. Detecting trends in forest disturbance and recovery using yearly Landsat time series: 2. TimeSync—Tools for calibration and validation [J]. Remote Sensing of Environment, 114 (12): 2911-2924.

COHEN W B, YANG Z, STEHMAN S V, et al., 2016. Forest disturbance across the conterminous United States from 1985—2012: the emerging dominance of forest decline [J]. Forest Ecology and Management, 360: 242-252.

COWLES J M, WRAGG P D, WRIGHT A J, et al., 2016. shifting grassland plant community structure drives positive interactive effects of warming and diversity on aboveground net primary productivity [J]. Global Chang Biology, 22: 741-749.

CUI X, WANG Y, NIU H, et al., 2005. Effect of long-term grazing on soil organic carbon content in semiarid steppes in Inner Mongolia [J]. Ecological Research, 20 (5): 519-527.

DALIAKOPOULOS I, TSANIS I, 2017. Assessing the Influence of Precipitation Variability on the Vegetation Dynamics of the Mediterranean Rangelands using NDVI and Machine Learning [C] //EGU General Assembly Conference Abstracts.

DERRY J F, 2004. Piospheres in semi-arid rangeland: Consequences of spatially constrained plant-herbivore interactions [J]. 13 (2) 28: 36.

DERYA O, 2017. Assessment of urban sprawl using Shannon's entropy and fractal analysis: a case study of Atakum, Ilkadim and Canik (Samsun, Turkey) [J]. Journal of

Environmental Engineering and Landscape Management, 25 (3): 264-276.

DIGBY P G N, KEMPTON R A, 2012. Multivariate analysis of ecological communities [M]. Berlin: Springer.

DINGAAN M N V, TSUBO M, WALKER S, et al., 2017. Soil chemical properties and plant species diversity along a rainfall gradient in semi-arid grassland of South Africa [J]. Plant Ecology and Evolution, 150 (1): 35-44.

DINIZ-FILHO J A F, RANGEL T F L V B, BINI L M, 2008. Model selection and information theory in geographical ecology [J]. Global ecology and biogeography, 17 (4): 479-488.

DORJI T, MOE S R, KLEIN J A, et al., 2014Plant Species Richness, Evenness, and Composition along Environmental Gradients in an Alpine Meadow Grazing Ecosystem in Central Tibet, China [J]. Arctic, Antarctic, and Alpine Research, 46 (2): 308-326.

DROISSART V, DAUBY G, HARDY O J, et al., 2018. Beyond trees: Biogeographical regionalization of tropical Africa [J]. Journal of Biogeography, 45: 1153-1167.

EGERU A, BARASA B, MAKUMA-MASSA H, et al., 2015. Piosphere syndrome and rangeland degradation in Karamoja sub-region, Uganda [J]. Resources and Environment, 5 (3): 73-89.

EGERU A, WASONGA O, MACOPIYO L, et al., 2015. Piospheric influence on forage species composition and abundance in semi-arid Karamoja sub-region, Uganda [J]. Pastoralism, 5 (1): 12-26.

ESPINAR J L, ROSS M S, SAH J P, 2011. Pattern of nutrient availability and plant community assemblage in Everglades Tree Islands, Florida, USA [J]. Hydrobiologia, 667 (1): 89-99.

EVANS J, GEERKEN R, 2004. Discrimination between climate and human-induced dryland degradation [J]. Journal of Arid Environments, 57 (4): 540-554.

FANG X, ZHU Q, REN L, et al., 2018. Large-scale detection of vegetation dynamics and their potential drivers using MODIS images and BFAST: A case study in Quebec, Canada [J]. Remote Sensing of Environment, 206: 391-402.

FENSHOLT R, HORION S, TAGESSON T, et al., 2015. Assessing drivers of vegetation changes in drylands from time series of earth observation data [M] //Remote Sensing Time Series. Springer, Cham.

FERNANDEZ-GIMENEZ M, ALLEN-DIAZ B, 2001. Vegetation change along gradients from water sources in three grazed Mongolian ecosystems [J]. Plant Ecology, 157 (1): 101-118.

FORKEL M, CARVALHAIS N, VERBESSELT J, et al., 2013. Trend change detection in NDVI time series: Effects of inter-annual variability and methodology [J]. Remote

Sensing, 5 (5): 2113-2144.

FORKEL M, MIGLIAVACCA M, THONICKE K, et al., 2015. Codominant water control on global interannual variability and trends in land surface phenology and greenness [J]. Global Change Biology, 21 (9): 3414-3435.

FRAGAL E H, SILVA T S F, NOVO E M L M, 2016. Reconstrução histórica de mudanças na cobertura florestal em várzeas do baixo Amazonas utilizando o algoritmo LandTrendr [J]. Acta Amazonica: 13-24.

GAN L, PENG X H, PETH S, et al., 2012. Effects of Grazing Intensity on Soil Water Regime and Flux in Inner Mongolia Grassland, China [J]. Pedosphere, 22 (2): 165-177.

GANG C, ZHOU W, CHEN Y, et al., 2014. Quantitative assessment of the contributions of climate change and human activities on global grassland degradation [J]. Environmental Earth Sciences, 72 (11): 4273-4282.

GITELSON A A, 2019. Remote estimation of fraction of radiation absorbed by photosynthetically active vegetation: Generic algorithm for maize and soybean [J]. Remote Sensing Letters, 10 (3): 283-291.

GLENDENING G E, 1944. Some factors affecting cattle use of northern Arizona pine-bunchgrass ranges [J]. Radiologia Brasileira, 47 (5): 317-319.

GOETZ S J, BUNN A G, FISKE G J, et al., 2005. Satellite-observed photosynthetic trends across boreal North America associated with climate and fire disturbance [J]. Proceedings of the National Academy of Sciences, 102: 13521-13525.

GRIMM N B, FAETH S H, GOLUBIEWSKI N E, et al., 2008. Global change and the ecology of cities [J]. Science, 319 (5864): 756-760.

GUO M, LI J, HE H S, et al., 2018. Detecting Global Vegetation Changes Using Mann-Kendal (MK) Trend Test for 1982—2015 Time Period [J]. Chinese Geographical Science, 28 (6): 907-919.

HANSEN M C, LOVELAND T R, 2012. A review of large area monitoring of land cover change using Landsat data [J]. Remote sensing of Environment, 122: 66-74.

HAQ F, AHMAD H, ALAM M, et al., 2010. Species Diversity of Vascular plants of Nandiar Valley, Western Himalayas, Pakistan [J]. Pakistan Journal of Botany, 42 (42): 213-229.

HE Y, PIAO S, LI X, et al., 2018. Global patterns of vegetation carbon use efficiency and their climate drivers deduced from MODIS satellite data and process-based models [J]. Agricultural and Forest Meteorology, 256: 150-158.

HESHMATTI G A, FACELLI J M, CONRAN J G, 2002. The piosphere revisited: plant species patterns close to waterpoints in small, fenced paddocks in chenopod shrublands of South Australia [J]. Journal of Arid Environments, 51 (4): 547-560.

HIERNAUX P, BIELDERS C L, VALENTIN C, et al., 1999. Effects of livestock grazing on physical and chemical properties of sandy soils in Sahelian rangelands [J]. Journal of Arid Environments, 41: 231-245.

HILL M J, GUERSCHMAN J P, 2020. The MODIS Global Vegetation Fractional Cover Product 2001—2018: Characteristics of Vegetation Fractional Cover in Grasslands and Savanna Woodlands [J]. Remote Sensing, 12 (3): 406.

HU X, HIROTA M, KAWADA K, et al., 2019. Responses in gross primary production of Stipa krylovii and Allium polyrhizum to a temporal rainfall in a temperate grassland of Inner Mongolia, China [J]. Journal of Arid Land, 11 (6): 824-836.

HUDAK A T, BRIGHT B C, KENNEDY R E, 2013. Predicting live and dead basal area from LandTrendr variables in beetle-affected forests [C] //MultiTemp 2013: 7th International Workshop on the Analysis of Multi-temporal Remote Sensing Images. IEEE.

HUTCHINSON J M S, JACQUIN A, HUTCHINSON S L, et al., 2015. Monitoring vegetation change and dynamics on US Army training lands using satellite image time series analysis [J]. Journal of Environmental Management, 150: 355-366.

IPCC C C, 2007. The Physical Science Basis: Summary for Policymakers-Contribution of Working Group I to the Fourth Assessment Report of the Intergovernmental Panel on Climate Change (IPCC) [J]. IPCC Secretariat, WMO, Geneva.

ISLAM M, RAZZAQ A, GUL S, et al., 2018. Impact of grazing on soil, vegetation and ewe production performances in a semi-arid rangeland [J]. Journal of Mountain Science, 15 (4): 685-694.

JAMALI S, JÖNSSON P, EKLUNDH L, et al., 2015. Detecting changes in vegetation trends using time series segmentation [J]. Remote Sensing of Environment, 156: 182-195.

JAMES C D, LANDSBERG J, MORTON S R, 1999. Provision of watering points in the Australian arid zone: a review of effects on biota [J]. Journal of Arid Environments, 41 (1): 87-121.

JAWEED T H, HUSSAIN K, KADAM A K, et al., 2018. Characterization of Piospheres in Northern Liddar Valley of Kashmir Himalaya [J]. Earth Systems and Environment, 2 (2): 387-400.

JAWUORO S O, KOECH O K, KARUKU G N, et al., 2017. Plant species composition and diversity depending on piospheres and seasonality in the southern rangelands of Kenya [J]. Ecological Processes, 6 (1): 16-28.

JELTSCH F, MILTON S J, DEAN W R J, et al., 1997. Simulated pattern formation around artificial waterholes in the semi-arid Kalahari [J]. Journal of Vegetation Science, 8: 177-188.

JIA Z, WANG Y, YANG X, 2011. Small-scale vegetation changes around a single settlement site in a semi-arid steppe in China: a degradation gradient pattern [J]. Journal of Food, Agriculture & Environment, 9 (1): 671-675.

JIANG Z L, JING C W, DAN L I, et al., 2011. Dynamics of vegetation and its responses to terrain factors with Mann-Kendall approach: a case study in Tiaoxi watershed, Taihu Lake [J]. Journal of Zhejiang University, 37 (6): 684-692.

JOSHI P K, LELE N, AGARWAL S P, 2006. Entropy as an indicator of fragmented landscape [J]. Current Science, 91 (3): 276-278.

KENNEDY R E, ANDRÉFOUËT S, COHEN W B, et al., 2014. Bringing an ecological view of change to Landsat-based remote sensing [J]. Frontiers in Ecology and the Environment, 12 (6): 339-346.

KENNEDY R E, YANG Z, COHEN W B, 2010. Detecting trends in forest disturbance and recovery using yearly Landsat time series: 1. LandTrendr—Temporal segmentation algorithms [J]. Remote Sensing of Environment, 114 (12): 2897-2910.

KINDT R, DAMME P V, SIMONS A J, 2006. Tree diversity in western Kenya: using profiles to characterise richness and evenness [J]. Biodiversity & Conservation, 15: 1253-1270.

KONG F Z, XU Z J, YU R C, 2016. Distribution patterns of phytoplankton in the Changjiang River estuary and adjacent waters in spring 2009 [J]. Chinese Journal of Oceanology & Limnology, 34: 902-914.

KUMAR J A V, PATHAN S K, BHANDERI R J, 2007. Spatio-temporal analysis for monitoring urban growth-a case study of Indore city [J]. Journal of the Indian Society of Remote Sensing, 35 (1): 11-20.

LAMBIN E F, STRAHLERS A H, 1994. Change-vector analysis in multitemporal space: A tool to detect and categorize land-cover change processes using high temporal-resolution satellite data [J]. Remote Sensing of Environment, 48 (2): 231-244.

LANDMAN M, SCHOEMAN D S, HALL-MARTIN A J, et al., 2012. Understanding long-term variations in an elephant piosphere effect to manage impacts [J]. PLOS One, 7 (9): 1-11.

LANDSBERG J, JAMES C D, MORTON S R, et al., 2003. Abundance and composition of plant species along grazing gradients in Australian rangelands [J]. Journal of Applied Ecology, 40: 1008-1024.

LANGE R T, 1969. The piosphere: sheep track and dung patterns [J]. Journal of Range Management: 22 (6): 396-400.

LASAPONARA R, 2006. On the use of principal component analysis (PCA) for evaluating interannual vegetation anomalies from SPOT/VEGETATION NDVI temporal series [J]. Ecological Modelling, 194 (4): 429-434.

LATA K M, RAO C H S, PRASAD V K, et al., 2001. Measuring urban sprawl: a case study of Hyderabad [J]. GIS Development, 5 (12): 26-29.

LEGENDRE L, LEGENDRE L F J, 1998. Numerical Ecology [J]. Ecology, 63 (2): 853.

LETNIC M, LAFFAN S W, GREENVILLE A C, et al., 2015. Artificial watering points are focal points for activity by an invasive herbivore but not native herbivores in conservation reserves in arid Australia [J]. Biodiversity and Conservation, 24 (1): 1-16.

LI C, HAO X, ZHAO M, et al., 2008. Influence of historic sheep grazing on vegetation and soil properties of a Desert Steppe in Inner Mongolia [J]. Agriculture Ecosystem and Environment, 128 (1): 109-116.

LI C, WANG J, LIU M, et al., 2018. Scenario - based hazard analysis of extreme high-temperatures experienced between 1959 and 2014 in Hulun Buir, China [J]. International Journal of Climate Change Strategies & Management (6): 22-32.

LI H, XIAO P, FENG X, et al., 2017. Using land long-term data records to map land cover changes in china over 1981—2010 [J]. IEEE Journal of Selected Topics in Applied Earth Observations and Remote Sensing, 10 (4): 1372-1389.

LI L H, 2004. Soil carbon budget of a grazed Leymus chinensis steppe community in the Xilin River Basin of Inner Mongolia [J]. Acta Phytoecol Sin, 28 (3): 312-317.

LI S, LV S, WU J, et al., 2012. Spatial analysis of the driving factors of grassland degradation under conditions of climate change and intensive use in Inner Mongolia, China [J]. Regional Environmental Change, 12: 461-474.

LI W J, ALI S H, ZHANG Q, 2007. Property rights and grassland degradation: A study of the Xilingol Pasture, Inner Mongolia, China [J]. Journal of Environmental Management, 85 (2): 461-470.

LI X R, SONG G, HUI R, et al., 2017. Precipitation and topsoil attributes determine the species diversity and distribution patterns of crustal communities in desert ecosystems [J]. Plant and Soil, 420 (1-2): 163-175.

LI X, LIU X, CAO Y, et al., 2014. Study on the Influence of Climatic Change on Pasture Growth in Inner Mongolia Grassland [J]. Meteorological and Environmental Research, 5: 43-47.

LI Z, HUFFMAN T, MCCONKEY B, et al., 2013. Monitoring and modeling spatial and temporal patterns of grassland dynamics using time - series MODIS NDVI with climate and stocking data [J]. Remote Sensing of Environment, 138: 232-244.

LIANG Y, HAN G, ZHOU H, et al., 2009. Grazing Intensity on Vegetation Dynamics of a Typical Steppe in Northeast Inner Mongolia [J]. Rangeland Ecology & Management, 62 (4): 328-336.

LIU C, SONG X, WANG L, et al., 2016. Effects of grazing on soil nitrogen spatial heterogeneity depend on herbivore assemblage and pre - grazing plant diversity [J]. Journal of Applied Ecology, 53 (1): 242-250.

LIU M, LIU G, ZHENG X, 2015. Spatial pattern changes of biomass, litterfall and coverage with environmental factors across temperate grassland subjected to various management practices [J]. Landscape Ecology, 30: 477-486.

LIU S, WANG T, GUO J, et al., 2010. Vegetation change based on SPOT-VGT data from 1998 to 2007, northern China [J]. Environmental Earth Sciences, 60 (7): 1459-1466.

LIU Y Y, VAN DIJK A I J M, MCCABE M F, et al., 2013. Global vegetation biomass change (1988—2008) and attribution to environmental and human drivers [J]. Global Ecology and Biogeography, 22 (6): 692-705.

LIU Y, WU C, PENG D, et al., 2016. Improved modeling of land surface phenology using MODIS land surface reflectance and temperature at evergreen needleleaf forests of central North America [J]. Remote Sensing of Environment, 176: 152-162.

LU D, LI G, MORAN E, 2014. Current situation and needs of change detection techniques [J]. International Journal of Image and Data Fusion, 5 (1): 13-38.

LU D, MAUSEL P, BRONDIZIO E, et al., 2004. Change detection techniques [J]. International Journal of Remote Sensing, 25 (12): 2365-2401.

LU G Y, WONG D W, 2008. An adaptive inverse-distance weighting spatial interpolation technique [J]. Computers & Geosciences, 34 (9): 1044-1055.

MACK M C, BRET-HARTE M S, HOLLINGSWORTH T N, et al., 2011. Carbon loss from an unprecedented Arctic tundra wildfire [J]. Nature, 475: 489-492.

MAITANE I G, O'BRIEN M J, KHITUN O, et al., 2016. Interactive effects between plant functional types and soil factors on tundra species diversity and community composition [J]. Ecology and Evolution, 6 (22): 8126-8137.

MAKUMA - MASSA, HENRY, BARASA, et al., 2015. Piosphere Syndrome and Rangeland Degradation in Karamoja Sub-region, Uganda [J]. Resources and Environment: 5-12.

MALPICA J A, ALONSO M C, 2008. A method for change detection with multi temporal satellite images using the RX algorithm [J]. Int. Arch. Photogramm. Remote Sens. Spat. Inf. Sci, 37: 1631-1635.

MARCHETTI Z Y, RAMONELL C G, BRUMNICH F, et al., 2020. Vegetation and hydrogeomorphic features of a large lowland river: NDVI patterns summarizing fluvial dynamics and supporting interpretations of ecological patterns [J]. Earth Surface Processes and Landforms, 45 (3): 694-706.

MARTÍN M J J, DE PABLO C L, DE AGAR P M, 2006. Landscape changes over time: comparison of land uses, boundaries and mosaics [J]. Landscape Ecology, 21 (7): 1075-1088.

MENG G, JING L I, HONGSHI H E, et al., 2018. Detecting Global Vegetation Changes Using Mann - Kendal (MK) Trend Test for 1982—2015 Time Period

［J］. Chinese Geographical Science, 28（6）: 3-15.

MILOTIĆ T, ERFANZADEH R, PÉTILLON J, et al., 2010. Short - term impact of grazing by sheep on vegetation dynamics in a newly created salt - marsh site ［J］. Grass and Forage Science, 65（1）: 121-132.

MORRISON J, HIGGINBOTTOM T P, SYMEONAKIS E, et al., 2018. Detecting vegetation change in response to confining elephants in forests using MODIS time-series and BFAST ［J］. Remote Sensing, 10（7）: 1075.

MU S, YANG H, LI J, et al., 2013. Spatio-temporal dynamics of vegetation coverage and its relationship with climate factors in Inner Mongolia, China ［J］. Journal of Geographical Sciences, 23（2）: 231-246.

MYERS-SMITH I H, FORBES B C, WILMKING M, et al., 2011. Shrub expansion in tundra ecosystems: dynamics, impacts and research priorities ［J］. Environmental Research Letters, 6（4）: 1-15.

NANGULA S, OBA G, 2004. Effects of artificial water points on the Oshana ecosystem in Namibia ［J］. Environmental Conservation, 31（1）: 47-54.

OSBORN T G B, WOOD J G, PALTRIDGE T B, 1932. On the growth and reaction to grazing of the perennial saltbush, Atriplex vesicarium: an ecological study of the biotic factor ［J］. Proceedings of the Linnean Society of New South Wales, 57: 377-402.

PAN T, ZOU X, LIU Y, et al., 2017. Contributions of climatic and non - climatic drivers to grassland variations on the Tibetan Plateau ［J］. Ecological Engineering, 108: 307-317.

POULIOT D, LATIFOVIC R, OLTHOF I, 2009. Trends in vegetation NDVI from 1km AVHRR data over Canada for the period 1985—2006 ［J］. International Journal of Remote Sensing, 30（1）: 149-168.

P. LÖVEI G L, LIU W X, GUO J Y, et al., 2013. The use of the Rényi scalable diversity index to assess diversity trends in comparative and monitoring studies of effects of transgenic crops ［J］. Journal of Biosafety, 22: 43-50.

QI S, ZHENG H, LIN Q, et al., 2011. Effects of livestock grazing intensity on soil biota in a semiarid steppe of Inner Mongolia ［J］. Plant and Soil, 340（1-2）: 117-126.

RAJABOV T, 2009. Ecological assessment of spatio-temporal changes of vegetation in response to piosphere effects in semi - arid rangelands of Uzbekistan ［J］. Land Restoration Training Programme Final Project, 11（2）: 106-113.

RESZKOWSKA A, KRÜMMELBEIN J, GAN L, et al., 2011. Influence of grazing on soil water and gas fluxes of two Inner Mongolian steppe ecosystems ［J］. Soil & Tillage Research, 111（2）: 180-189.

RUOKOLAINEN L, SALO K, 2006. Differences in performance of four ordination methods on a complex vegetation dataset [J]. Annales Botanici Fennici, 43: 269-275.

RÉNYI A, 1961. On measurement of entropy and information [J]. Berkeley Symposium on Mathematical Statistics and Probability, 547-561.

SABINEGÜSEWELL, 2004. N: P ratios in terrestrial plants: variation and functional significance [J]. 164 (2): 243-266.

SALAKO V K, ADEBANJI A, KAKAÏ R G, 2013. On the empirical performance of non-metric multidimensional scaling in vegetation studies [J]. International Journal of Applied Mathematics & Statistics, 36: 54-67.

SASAGAWA A, WATANABE K, NAKAJIMA S, et al., 2008. Automatic change detection based on pixel-change and DSM-change [J]. 600: 2.

SCHULTZ M, SHAPIRO A, CLEVERS J G P W, et al., 2018. Forest cover and vegetation degradation detection in the Kavango Zambezi Transfrontier Conservation Area using BFAST Monitor [J]. Remote Sensing, 10 (11): 1850.

SHAHRIARY E, PALMER M W, TONGWAY D J, et al., 2012. Plant species composition and soil characteristics around Iranian piospheres [J]. Journal of Arid Environments, 82: 106-114.

SHANNON C E, 1948. A Mathematical Theory of Communication [J]. The Bell System Technical Journal, 27.

SINGH R, SAGAR R, SRIVASTAVA P, et al., 2017. Herbaceous species diversity and soil attributes along a forest-savanna-grassland continuum in a dry tropical region [J]. Ecological Engineering, 103: 226-235.

SKAKUN S, FRANCH B, VERMOTE E, et al., 2017. Early season large - area winter crop mapping using MODIS NDVI data, growing degree days information and a Gaussian mixture model [J]. Remote Sensing of Environment, 195: 244-258.

SMET M, WARD D, 2006. Soil quality gradients around water - points under different management systems in a semi-arid savanna, South Africa [J]. Journal of Arid Environments, 64 (2): 251-269.

SONG Y, MA M G, 2007. Study on vegetation cover change in Northwest China based on SPOT VEGETATION data [J]. Journal of Desert Research, 27 (1): 89-93.

STERNBERG T, 2012. Piospheres and pastoralists: vegetation and degradation in steppe grasslands [J]. Human Ecology, 40 (6): 811-820.

STIBIG H J, ACHARD F, CARBONI S, et al., 2014. Change in tropical forest cover of Southeast Asia from 1990 to 2010 [J]. Biogeosciences, 11 (2): 247-258.

STODDART L A, SMITH A D, 1956. Range Management [J]. Soil Science, 81 (1): 77-85.

STUMPP M, WESCHE K, RETZER V, et al., 2005. Impact of grazing livestock and distance from water source on soil fertility in southern Mongolia [J]. Mountain

Research and Development, 25 (3): 244-251.

SU X, WU Y, DONG S, et al., 2015. Effects of grassland degradation and re – vegetation on carbon and nitrogen storage in the soils of the Headwater Area Nature Reserve on the Qinghai-Tibetan Plateau, China [J]. Journal of Mountain Science, 12 (3): 582-591.

SUN B, LI Z, GAO Z, et al., 2017. Grassland degradation and restoration monitoring and driving forces analysis based on long time-series remote sensing data in Xilin Gol League [J]. Acta Ecologica Sinica, 37 (4): 219-228.

SUN C M, ZHONG X C, CHEN C, et al., 2016. Evaluating the grassland net primary productivity of southern China from 2000 to 2011 using a new climate productivity model [J]. Journal of Integrative Agriculture, 15 (7): 1638-1644.

SUN X, WANG X, GUO H, et al., 2006. Multivariate analysis and environmental interpretation of the florae in Malan Forest Region of the Loess Plateau [J]. Acta Botanica Boreali-Occidentalia Sinica, 26 (1): 150-156.

TAN C W, ZHANG P P, ZHOU X X, et al., 2020. Quantitative monitoring of leaf area index in wheat of different plant types by integrating NDVI and Beer – Lambert law [J]. Scientific Reports, 10 (1): 1-10.

TAO J, XU T, DONG J, et al., 2018. Elevation-dependent effects of climate change on vegetation greenness in the high mountains of southwest China during 1982—2013 [J]. International Journal of Climatology, 38 (4): 2029-2038.

TARHOUNI M, BELGACEM A O, NEFFATI M, et al., 2007. Qualification of rangeland degradation using plant life history strategies around watering points in southern Tunisia [J]. Pak J Biol Sci, 10 (8): 1229-1235.

THRASH I, 2000. Determinants of the extent of indigenous large herbivore impact on herbaceous vegetation at watering points in the north – eastern lowveld, South Africa [J]. Journal of Arid Environments, 44: 61-72.

TIAN H, CAO C, CHEN W, et al., 2015. Response of vegetation activity dynamic to climatic change and ecological restoration programs in Inner Mongolia from 2000 to 2012 [J]. Ecological Engineering, 82: 276-289.

TODD S W, 2006. Gradients in vegetation cover, structure and species richness of Nama-Karoo shrublands in relation to distance from livestock watering points [J]. Journal of Applied Ecology, 43 (2): 293-304.

TOLSMA D J, ERNST W H O, VERWEY R A, 1987. Nutrients in soil and vegetation around two artificial waterpoints in eastern Botswana [J]. Journal of Applied Ecology, 24: 991-1000.

TONG X, WANG K, BRANDT M, et al., 2016. Assessing future vegetation trends and restoration prospects in the karst regions of southwest China [J]. Remote Sensing, 8 (5): 357-369.

TSALLIS C, 2002. Entropic nonextensivity: a possible measure of complexity [J]. Chaos, Solitons & Fractals, 13 (3): 371-391.

TURNER M D, 1998. Long-term effects of daily grazing orbits on nutrient availability in Sahelian West Africa: I. Gradients in the chemical composition of rangeland soils and vegetation [J]. Journal of Biogeography, 25: 669-682.

TÓTHMÉRÉSZ B, 1995. Comparison of different methods for diversity ordering [J]. Journal of Vegetation Science, 6: 283-290.

VALENTINE K A, 1947. Distance from water as a factor in grazing capacity of rangeland [J]. Journal of Forestry, 45 (10): 749-754.

VASICEK O, 1976. A test for normality based on sample entropy [J]. Journal of the Royal Statistical Society: Series B (Methodological), 38 (1): 54-59.

VERBESSELT J, HYNDMAN R, ZEILEIS A, et al., 2010. Phenological change detection while accounting for abrupt and gradual trends in satellite image time series [J]. Remote Sensing of Environment, 114 (12): 2970-2980.

VERHOEVEN J T A, KOERSELMAN W, MEULEMAN A F M, 1996. Nitrogen-or phosphorus-limited growth in herbaceous, wet vegetation: relations with atmospheric inputs and management regimes [J]. Trends in Ecology & Evolution, 11: 494-497.

VRANKEN I, BAUDRY J, AUBINET M, et al., 2015. A review on the use of entropy in landscape ecology: heterogeneity, unpredictability, scale dependence and their links with thermodynamics [J]. Landscape Ecology, 30 (1): 51-65.

WANG C, ZHAO H, 2019. Analysis of remote sensing time-series data to foster ecosystem sustainability: use of temporal information entropy [J]. International journal of remote sensing, 40 (7-8): 2880-2894.

WANG H, NI J, PRENTICE I C, 2011. Sensitivity of potential natural vegetation in China to projected changes in temperature, precipitation and atmospheric CO_2 [J]. Regional Environmental Change, 11 (3): 715-727.

WANG L, TIAN F, WANG Y, et al., 2018. Acceleration of global vegetation greenup from combined effects of climate change and human land management [J]. Global Change Biology, 24 (11): 5484-5499.

WANG R, GAMON J A, EMMERTON C A, et al., 2020. Detecting intra-and inter-annual variability in gross primary productivity of a North American grassland using MODIS MAIAC data [J]. Agricultural and Forest Meteorology, 281: 107859.

WANG S, DUAN J, XU G, et al., 2012. Effects of warming and grazing on soil N availability, species composition, and ANPP in an alpine meadow [J]. Ecology, 93 (11): 2365-2376.

WANG X L, HAN Y J, XU L G, et al., 2014. Soil Characteristics in Relation to Vegetation Communities in the Wetlands of Poyang Lake, China [J]. Wetlands, 34 (4): 829-839.

WANG Y, GONG J R, LIU M, et al., 2015. Effects of land use and precipitation on above-and below-ground litter decomposition in a semi-arid temperate steppe in Inner Mongolia, China [J]. Applied Soil Ecology, 96: 183-191.

WANG Z, JOHNSON D A, RONG Y, et al., 2016. Grazing effects on soil characteristics and vegetation of grassland in, northern China [J]. Solid Earth, 7 (1): 55-65.

WATTS L M, LAFFAN S W, 2014. Effectiveness of the BFAST algorithm for detecting vegetation response patterns in a semi-arid region [J]. Remote Sensing of Environment, 154: 234-245.

WESTERLING A L, HIDALGO H G, CAYAN D R, et al., 2006. Warming and earlier spring increase western US forest wildfire activity [J]. Science, 313 (5789): 940-943.

WESULS D, PELLOWSKI M, SUCHROW S, et al., 2013. The grazing fingerprint: Modelling species responses and trait patterns along grazing gradients in semi-arid Namibian rangelands [J]. Ecological Indicators, 27: 61-70.

WOODCOCK C E, LOVELAND T R, HEROLD M, et al., 2020. Transitioning from change detection to monitoring with remote sensing: A paradigm shift [J]. Remote Sensing of Environment, 238: 1-5.

XU Y, YANG J, CHEN Y, 2016. NDVI-based vegetation responses to climate change in an arid area of China [J]. Theoretical and Applied Climatology, 126 (1-2): 213-222.

YAN R, TANG H, XIN X, et al., 2016. Grazing intensity and driving factors affect soil nitrous oxide fluxes during the growing seasons in the Hulunber meadow steppe of China [J]. Environmental Research Letters, 11 (5): 054004.

YANG Y, ERSKINE P D, LECHNER A M, et al., 2018. Detecting the dynamics of vegetation disturbance and recovery in surface mining area via Landsat imagery and LandTrendr algorithm [J]. Journal of Cleaner Production, 178: 353-362.

YIN J F, ZHAN X W, ZHENG Y F, et al., 2016. Improving Noah land surface model performance using near real time surface albedo and green vegetation fraction [J]. Agricultural and Forest Meteorology, 218-219: 171-183.

YING, 2016. Growing season relative humidity variations and possible impacts on Hulun Buir grassland [J]. Science Bulletin, 61: 728-736.

YUAN W, LIU S, YU G, et al., 2010. Global estimates of evapotranspiration and gross primary production based on MODIS and global meteorology data [J]. Remote Sensing of Environment, 114 (7): 1416-1431.

ZHANG J T, DONG Y, 2010. Factors affecting species diversity of plant communities and the restoration process in the loess area of China [J]. Ecological Engineering, 36 (3): 345-350.

ZHANG K, KIMBALL J S, NEMANI R R, et al., 2015. Vegetation greening and climate change promote multidecadal rises of global land evapotranspiration [J]. Scientific reports, 5: 1-9.

ZHANG R, LIANG T, GUO J, et al., 2018. Grassland dynamics in response to climate change and human activities in Xinjiang from 2000 to 2014 (vol 8, 2888, 2018) [J]. Scientific reports, 8 (1): 2888.

ZhANG X, FRIEDL M A, SCHAAF C B, et al., 2003. Monitoring vegetation phenology using MODIS [J]. Remote sensing of environment, 84 (3): 471-475.

ZHANG Y, LING F, FOODY G M, et al., 2019. Mapping annual forest cover by fusing PALSAR/PALSAR-2 and MODIS NDVI during 2007—2016 [J]. Remote Sensing of Environment, 224: 74-91.

ZHANG Y, SONG C, BAND L E, et al., 2017. Reanalysis of global terrestrial vegetation trends from MODIS products: Browning or greening? [J]. Remote Sensing of Environment, 191: 145-155.

ZHAO K, WULDER M A, HU T, et al., 2019. Detecting change–point, trend, and seasonality in satellite time series data to track abrupt changes and nonlinear dynamics: a Bayesian ensemble algorithm [J]. Remote sensing of Environment, 232: 1-20.

ZHAO X, TAN K, ZHAO S, et al., 2011. Changing climate affects vegetation growth in the arid region of the northwestern China [J]. Journal of Arid Environments, 75 (10): 946-952.

ZHAO Y, CAO W H, WANG X D, et al., 2015. Effect of vegetation rehabilitation and construction on runoff of watershed in Beijing Mountain Area [J]. China Environmental Science, 35 (12): 3771-3778.

ZHAO Y, PETH S, JULIA KRÜMMELBEIN, et al., 2007. Spatial variability of soil properties affected by grazing intensity in Inner Mongolia grassland [J]. Ecological Modelling, 205 (1-2): 241-254.

ZHENG X X, LIU G H, FU B J, et al., 2010. Effects of biodiversity and plant community composition on productivity in semiarid grasslands of Hulunbeir, Inner Mongolia, China [J]. Annals of the New York Academy of Sciences, 1195: 52-64.

ZHOU W, YANG H, HUANG L, et al., 2017. Grassland degradation remote sensing monitoring and driving factors quantitative assessment in China from 1982 to 2010 [J]. Ecological Indicators, 83: 303-313.

ZHU Y, SHAN D, WANG B, et al., 2019. Floristic features and vegetation classification of the Hulun Buir steppe in North China: geography and climate–driven steppe diversification [J]. Global Ecology and Conservation, 20: 1-30.

彩图1 野外调查、室内实验及光裸圈试验

注：Ⅰ～Ⅱ行为样带野外调查；Ⅲ行为"光裸圈"调查。

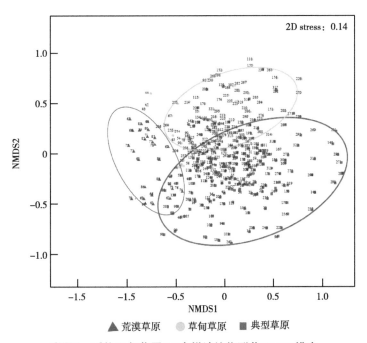

彩图2 呼伦贝尔草原330个样地植物群落NMDS排序

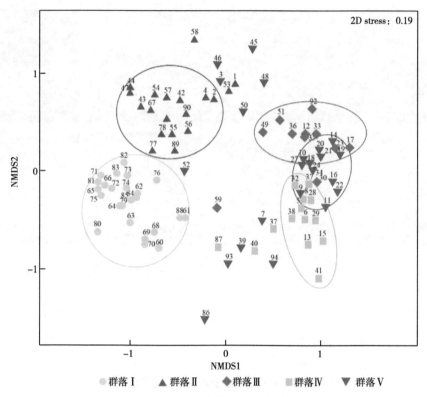

彩图3　呼伦贝尔草原中蒙边界样带植物群落NMDS排序

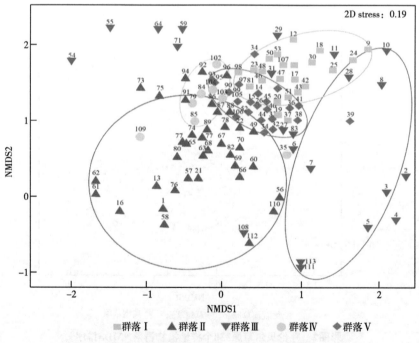

彩图4　呼伦贝尔草原伊敏-呼伦湖样带植物群落NMDS排序

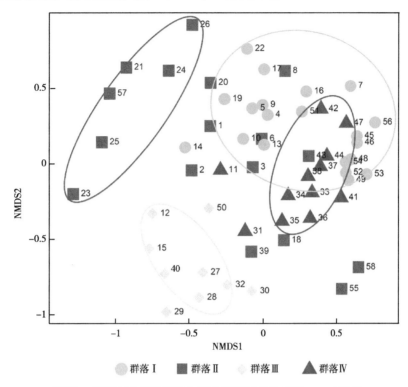

彩图5　呼伦贝尔草原海拉尔河南岸样带植物群落NMDS排序

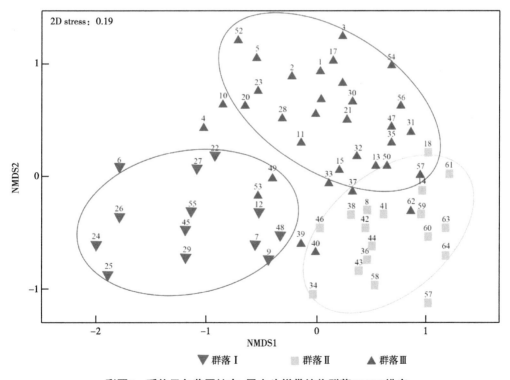

彩图6　呼伦贝尔草原纳吉-黑山头样带植物群落NMDS排序

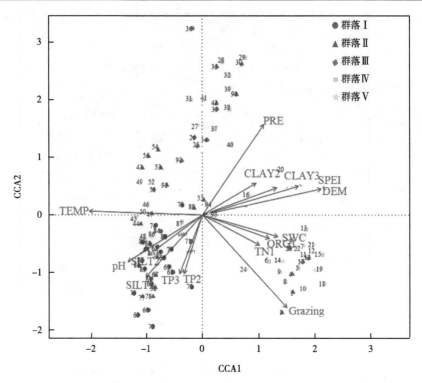

彩图7 呼伦贝尔草原中蒙边界样带样地分布与影响因子CCA排序

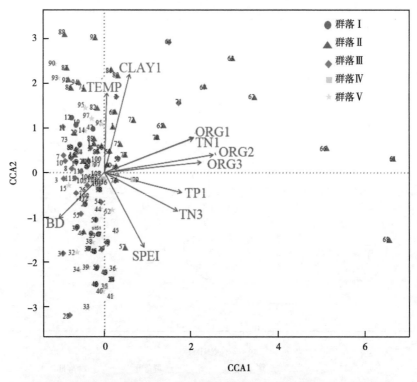

彩图8 呼伦贝尔草原伊敏-呼伦湖样带样地分布与影响因子CCA排序

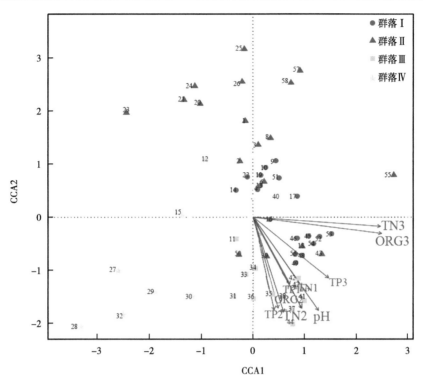

彩图9 呼伦贝尔草原海拉尔河南岸样带样地分布与影响因子CCA排序

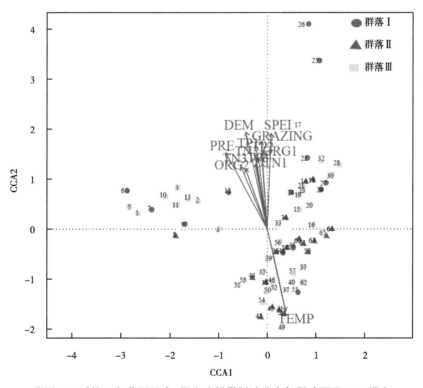

彩图10 呼伦贝尔草原纳吉-黑山头样带样地分布与影响因子CCA排序

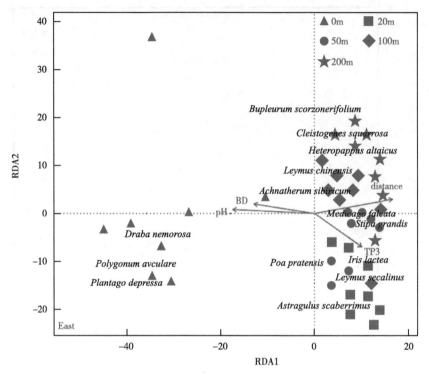

彩图11　饮水点位于牧场东边位置情况下群落分布与影响因子关系

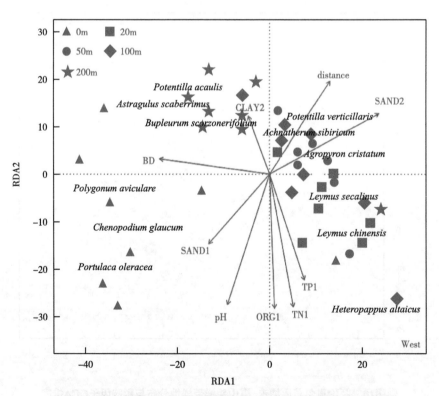

彩图12　饮水点位于牧场西边位置情况下群落分布与影响因子关系

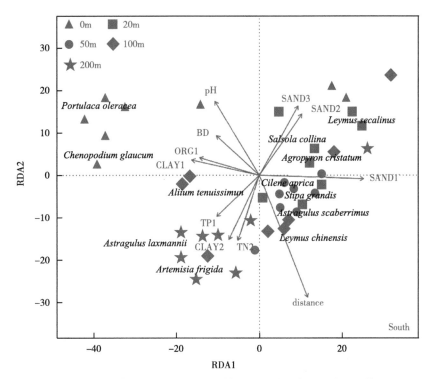

彩图13　饮水点位于牧场南边位置情况下群落分布与影响因子关系

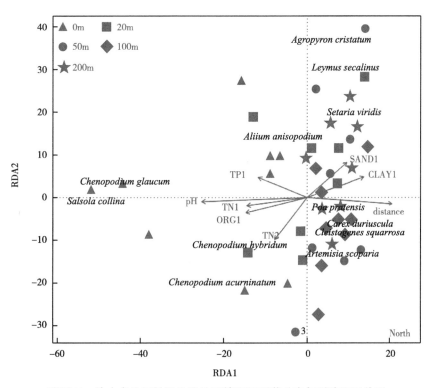

彩图14　饮水点位于牧场北边位置情况下群落分布与影响因子关系

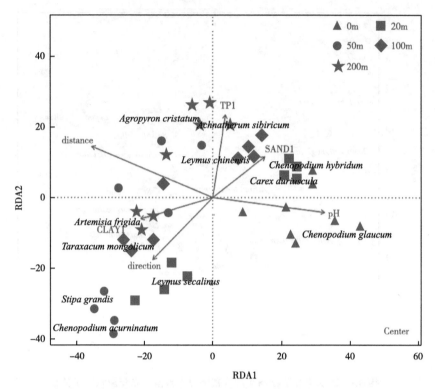

彩图15　饮水点位于牧场中心位置情况下群落分布与影响因子关系